Linux Command ABC Reference | Yoshikazu Nakajima

素早くひける

Linux コマンド ABCリファレンス

中島能和 著

本書内容に関するお問い合わせについて

このたびは翔泳社の書籍をお買い上げいただき、誠にありがとうございます。弊社では、読者の皆様からのお問い合わせに適切に対応させていただくため、以下のガイドラインへのご協力をお願い致しております。下記項目をお読みいただき、手順に従ってお問い合わせください。

●ご質問される前に

弊社Webサイトの「正誤表」をご参照ください。これまでに判明した正誤や追加情報を掲載しています。

正誤表　http://www.shoeisha.co.jp/book/errata/

●ご質問方法

弊社Webサイトの「刊行物Q&A」をご利用ください。

刊行物Q&A　http://www.shoeisha.co.jp/book/qa/

インターネットをご利用でない場合は、FAXまたは郵便にて、下記“翔泳社 愛読者サービスセンター”までお問い合わせください。
電話でのご質問は、お受けしておりません。

●回答について

回答は、ご質問いただいた手段によってご返事申し上げます。ご質問の内容によっては、回答に数日ないしはそれ以上の期間を要する場合があります。

●ご質問に際してのご注意

本書の対象を越えるもの、記述個所を特定されないもの、また読者固有の環境に起因するご質問等にはお答えできませんので、あらかじめご了承ください。

●郵便物送付先およびFAX番号

送付先住所　〒160-0006　東京都新宿区舟町5
FAX番号　03-5362-3818
宛先　（株）翔泳社 愛読者サービスセンター

※本書の出版にあたっては正確な記述につとめましたが、著者や出版社などのいずれも、本書の内容に対してなんらかの保証をするものではなく、内容やサンプルに基づくいかなる運用結果に関してもいっさいの責任を負いません。
※本書に記載されている会社名、製品名はそれぞれ各社の商標および登録商標です。

はじめに

Linuxと切っても切れない関係にあるのがコマンドです。コマンドを入力して操作する方法は、不慣れな人にとってはとても敷居が高く難しそうに感じるのではないでしょうか。マニュアルやヘルプは充実していますが、初心者に配慮した書き方とは、とても言えません。

本書は、コマンドの使い方を素早く調べることができるよう配慮したコマンドリファレンスです。Linuxには何千ものコマンドが備わっていますが、本書ではその中から、

- ・ぜひ知っておきたい基本コマンド（★★★）
- ・実務で利用されることの多い重要コマンド（★★）
- ・知っていると便利なコマンド（★）

を中心にセレクトしたコマンドを収録しました。サーバー系コマンドや特定のハードウェアに依存するコマンドなどは外しましたが、使用頻度が高いと思われるコマンドは極力収録するようにしました。シェルコマンドについては、もっとも広く使われているシェルであるbashを対象としています。ディストリビューションについては、利用者の多いCentOS、Ubuntu、Raspbianに加え、Windows 10でLinux環境を利用できるWSL（Ubuntu）においても検証を行いました。ディストリビューションによって差異のあるコマンドはその旨を注記しています。

コマンドやオプションの機能を詳しく解説するのではなく、「コマンドをどのように使うのか」という観点から、パッと見てコマンドの使い方がすぐにわかるような紙面を目指しました。コマンドはアルファベット順に並べ、検索しやすいようにしました。余裕があれば、コマンドを調べる際に、調べたいコマンドの前後もぜひ眺めてみてください。

かつてのLinuxは、コマンドを知らなければとても扱えないようなOSでした。その後、GUIで便利に操作ができるWindowsやMacが普及し、LinuxもGUIのツールが充実してきました。実際、コマンドをまったく知らなくても、Linuxデスクトップは普通に利用できるでしょう。それでも近年になって、再びコマンドが見直されているように感じます。本書によってあなたのLinuxライフがより快適に、より便利になることを願っています。

最後に、本書の執筆にあたっては、株式会社翔泳社の皆様をはじめ、関係者の方々には大変お世話になりました。ここに感謝いたします。

2018年2月
中島能和

この書籍の使い方

本書では、コマンドの実行を以下の環境で確認しています。

- CentOS 7
- Ubuntu 16.04LTS
- Raspberry Pi (Raspbian)
- WSL (Windows 10上で動作するUbuntu 16.04LTS)

CentOSはRed Hat系のディストリビューション、Ubuntu/RaspbianはDebian系のディストリビューションです。同じコマンドでも、ディストリビューションによって動作が異なる場合があります。また、ディストリビューションによってはコマンドが用意されていないこともあります。

WSLではUbuntuやopenSUSEなどのディストリビューションが利用できますが、本書はWindows 10 Fall Creators UpdateにおけるUbuntu (Ubuntu 16.04LTS) に搭載されたコマンドに基づいています。基本的に実機のUbuntuと同じコマンドが使えますが、WSLという特殊な環境のため、掲載しているコマンドの機能が制限されているものがあったり、WSL上にインストール可能なコマンドであっても、実質的には利用できない (ハードウェア関連などの) コマンドもあります。

コマンドには、一般ユーザーで実行できるものと、管理者権限 (root権限) が必要なコマンドがあります。root権限が必要なコマンドは、プロンプトを「#」で表しています。

実行例 root権限が必要なコマンド

```
# apt install apache2
```

しかし現在では、rootユーザーで実行するのではなく、一般ユーザーでsudoコマンドを使って実行するのが一般的です。そのため、上のコマンドは次のようにして実行してください。この時、自分のパスワードの入力を求められます。

実行例 sudoコマンドで実行する

```
$ sudo apt install apache2
```

rootユーザーとして実行してもかまいませんが、少しのミスが致命的な障害につながるおそれがあります。極力sudoコマンドを利用することをおすすめします。詳しくはsudoコマンドを参照してください。

本書に掲載したコマンドの中には、標準ではインストールされないコマンドもあります。コマンドが見つからない場合は、ディストリビューションごとに掲載されているパッケージをインストールしてください。CentOS 7の場合は、EPELリポジトリが必要な場合があるので、あらかじめ以下のコマンドでEPELリポジトリを追加してください。

実行例 EPELリポジトリを追加する

```
# yum install epel-release
```

contents
目 次

はじめに …… iii
この書籍の使い方 …… iv
introduction　シェルとコマンド …… xxi

コマンドリファレンス

A

★ **add-apt-repository**　サードパーティのリポジトリを追加する …… 2
★★ **adduser**　ユーザーを追加する …… 2
★★★ **alias**　（エイリアス）を設定・表示する …… 4
★★ **apg**　パスワードを自動的に生成する …… 4
★★ **apropos**　マニュアルページの名前と要約文を検索する …… 5
★★★ **apt**　APTでパッケージを管理する …… 6
★★ **apt-cache**　APTパッケージ情報への問い合わせを処理する …… 7
★ **apt-file**　APTパッケージを検索する …… 8
★★ **apt-get**　APTを使ったパッケージ管理を行う …… 9
★ **arch**　システムのアーキテクチャを表示する …… 11
★ **arp**　ARPキャッシュを操作する …… 11
★★ **at**　指定した日時にコマンドを実行する …… 12
★ **atq**　atコマンドで予約したジョブを確認する …… 13
★★ **atrm**　atコマンドで予約したジョブを削除する …… 13
★★ **awk**　テキストデータを処理する …… 14

B

★ **basename** ファイル名のパスからディレクトリを取り除く ……… 16

★★ **bash** bashシェルを起動する ……… 16

★ **batch** システム負荷が低い時にコマンドを実行する ……… 17

★ **bc** 計算をする ……… 18

★★ **bg** 指定したジョブをバックグラウンドで再開する ……… 19

★ **builtin** 組み込みコマンドを優先的に実行する ……… 19

★★★ **bunzip2** bzip2で圧縮されたファイルを伸張する ……… 20

★ **bzcat** bzip2で圧縮されたファイルを伸張して標準出力へ出力する ……… 20

★★★ **bzip2** ファイルを圧縮・伸張する ……… 21

C

★ **cal** カレンダーを表示する ……… 22

★★★ **cat** テキストファイルを表示・結合する ……… 22

★★★ **cd** 指定したディレクトリに移動する ……… 23

★★ **chage** パスワードの有効期限を設定する ……… 24

★★ **chattr** ファイルの拡張属性を変更する ……… 25

★★★ **chgrp** ファイルやディレクトリの所有グループを変更する ……… 26

★★ **chkconfig** サービスの自動起動を設定する ……… 26

★★★ **chmod** アクセス権を変更する ……… 27

★★★ **chown** ファイルの所有者を変更する ……… 28

★★ **chsh** ログインシェルを変更する ……… 29

★ **clear** 端末画面をクリアする ……… 30

★ **cmp** 2つのファイルを比較する ……… 30

★ **column** 複数の列に分けて出力する ……… 30

★ **comm** ソートされた2つのファイルを行単位で比較する ……… 31

★ **command** コマンドのみを実行する ……… 32

★ convert 画像ファイルを変換する 33
★★★ cp ファイルをコピーする 34
★ cpio アーカイブを操作する 35
★★★ crontab 定期的に実行するスケジュールを管理する 36
★★ curl 指定したURLのデータをダウンロードする 37
★★ cut ファイルの各行から指定したフィールドを抜き出す 38

D

★★★ date 日時を表示・設定する 40
★★ dd ファイルを変換してコピーする 41
★★ deluser ユーザーを削除する 42
★★★ df ファイルシステムの使用状況を表示する 42
★★★ diff 2つのファイルの違いを出力する 43
★ diff3 3つのファイルの違いを出力する 44
★★ dig DNSサーバーに問い合わせて名前解決を行う 45
★ dirname ファイル名の最後の要素を削除する 47
★★ dmesg カーネルのログ（リングバッファ）を表示する 47
★ dmidecode システムのハードウェア情報を出力する 48
★★★ dpkg Debianパッケージを管理する 49
★ dracut 初期RAMディスクを作成する 50
★★★ du ディレクトリ内のファイル使用量を表示する 51
★ dump ext2/ext3/ext4ファイルシステムをバックアップする 52

E

★★★ echo 文字列や変数を表示する 53
★ edquota クォータの設定を編集する 54
★ eject DVD-ROMなどのリムーバブルメディアをイジェクトする 54
★★ env 環境変数を設定・表示する 55

★☆☆ **exec** 指定されたコマンドでシェルを置き換える …… 55
★★☆ **exit** シェルを終了する …… 56
★☆☆ **expand** タブをスペースに変換する …… 56
★★★ **export** 環境変数として変数を定義する …… 57
★☆☆ **expr** 式を評価する …… 57

F

★☆☆ **fallocate** サイズを確保してファイルを作成する …… 59
★★☆ **fdisk** パーティションを管理する …… 59
★★☆ **fg** 指定したジョブをフォアグラウンドで実行する …… 61
★★★ **file** ファイルの種類を表示する …… 62
★★★ **find** ファイルを検索する …… 63
★☆☆ **findmnt** マウントされているファイルシステムを表示する …… 65
★★☆ **firewall-cmd** ファイヤウォールを管理する …… 66
★☆☆ **fish** fishシェルを起動する …… 67
★★☆ **free** メモリの使用状況を表示する …… 67
★★☆ **fsck** ファイルシステムの整合性をチェックする …… 69
★★☆ **function** シェル関数を定義する …… 69
★★☆ **fuser** ファイルやソケットを開いているプロセスを特定する …… 70

G

★★☆ **gcc** C/C++言語のプログラムをコンパイルする …… 72
★☆☆ **gdisk** パーティションを管理する …… 72
★☆☆ **getent** ネームサービスのデータベースからエントリを取得する …… 74
★★★ **git** Gitバージョン管理システムを利用する …… 75
★★☆ **gpasswd** /etc/groupファイルを管理する …… 77
★★☆ **gpg** GnuPG暗号ツールを利用する …… 78
★★★ **grep** 指定したパターンにマッチした行を表示する …… 81

★★ groupadd グループを作成する …… 83
★ groupdel グループを削除する …… 83
★ groupmod グループ情報を修正する …… 84
★ groups 所属しているグループを表示する …… 84
★ grpck グループファイルが正しいかどうか検査する …… 85
★★ gunzip 圧縮された.gzファイルを伸張する …… 85
★★ gzip ファイルを圧縮する …… 86

H

★ hdparm ハードディスクのパラメータを設定・表示する …… 87
★★★ head ファイルの先頭を表示する …… 87
★★★ help シェル組み込みコマンドの情報を表示する …… 88
★ hexdump ファイルの内容を16進数や8進数で出力する …… 88
★★★ history コマンド履歴を表示する …… 89
★★★ host DNSサーバーに問い合わせて名前解決を行う …… 90
★ hostname ホスト名を設定・表示する …… 91
★ hostnamectl ホスト名を管理する …… 92
★ hwclock ハードウェアクロックを調整する …… 93

I

★★ iconv 文字コードを変換する …… 94
★★ id UIDとGIDを表示する …… 94
★★★ ifconfig ネットワークインターフェイスの設定・表示を行う …… 95
★ insmod カーネルモジュールをロードする …… 96
★ iostat CPUの使用状況とディスクの入出力に関する情報を監視する …… 97
★ iotop ディスクの入出力を監視する …… 98
★★★ ip ネットワークインターフェイスやルーティングテーブルを管理する …… 99
★★ iptables/ip6tables パケットフィルタリングを管理する …… 101

★ **iptables-restore/ip6tables-restore**
iptables/ip6tablesのパケットフィルタリングルールをファイルから復元する …… 103

★ **iptables-save/ip6tables-save**
iptables/ip6tablesのパケットフィルタリングルールを出力する …… 104

★★ **iw** 無線デバイスを操作する …… 104

J

★★ **jobs** 実行中のジョブを表示する …… 106

★ **join** 2つのファイルの行を連結する …… 106

★★ **journalctl** systemdのログを表示する …… 107

K

★★★ **kill** PIDで指定したプロセスにシグナルを送る …… 108

★★ **killall** 名前で指定したプロセスにシグナルを送る …… 109

★ **ksh** ksh（kシェル）を起動する …… 110

L

★★ **last** ログイン・ログアウトの履歴を表示する …… 111

★ **lastb** 失敗したログインの記録を表示する …… 112

★★ **lastlog** ユーザーごとの最終ログイン日時を表示する …… 112

★ **ldapadd** LDAPのエントリを追加する …… 113

★ **ldapmodify** LDAPのエントリを編集する …… 114

★ **ldappasswd** LDAPパスワードを変更する …… 114

★ **ldapsearch** LDAPエントリを検索する …… 115

★ **ldconfig**
共有ライブラリのリンクを作成したりキャッシュを更新したりする …… 116

★★ **ldd** 共有ライブラリの依存関係を表示する …… 116

★★★ **less** 1ページ単位で表示する …… 117

★★ **lftp** FTPで接続する 118
★★★ **ln** ハードリンクやシンボリックリンクを作成する 119
★★ **locate** ファイル名データベースに基づいてファイルを検索する 119
★ **logger** ログメッセージを生成する 120
★★★ **ls** ディレクトリの内容やファイルの情報を表示する 121
★ **lsattr** ファイルの拡張属性を表示する 123
★★ **lsb_release** ディストリビューションの情報を表示する 123
★ **lsblk** ブロックデバイスを表示する 124
★ **lscpu** CPUの情報を表示する 125
★ **lshw** ハードウェア構成を表示する 126
★ **lsinitramfs** 初期RAMディスクイメージの内容を表示する 127
★ **lsmod** ロードされているカーネルモジュールを表示する 127
★★ **lsof** 開かれているファイルやプロセスを表示する 128
★ **lspci** PCIデバイスの情報を表示する 129
★ **lsscsi** SCSIデバイスの情報を表示する 130
★ **lsusb** USBデバイスの情報を表示する 130
★ **ltrace** ライブラリの呼び出しをトレースする 131
★★ **lv** テキストファイルを表示する 132
★ **lvcreate** 論理ボリュームを作成する 133
★ **lvdisplay** 論理ボリュームの情報を表示する 133
★ **lvextend** 論理ボリュームを拡張する 134
★ **lvreduce** 論理ボリュームを縮小する 135
★ **lvremove** 論理ボリュームを削除する 135
★ **lvrename** 論理ボリューム名を変更する 136
★ **lvs** 論理ボリュームに関する情報を表示する 136

M

N

★★ printenv 定義済みの環境変数を表示する 182
★★★ ps プロセス情報を表示する 182
★★ psql PostgreSQLデータベースサーバーに接続して操作する 185
★★ pstree プロセスをツリー状に表示する 186
★ pushd ディレクトリをディレクトリスタックに追加する 187
★ pvcreate 物理ボリュームを作成する 188
★ pvdisplay 物理ボリュームの情報を表示する 188
★ pvmove 物理ボリュームの内容を別の物理ボリュームに移動する 189
★ pvremove 物理ボリュームを削除する 189
★ pvs 物理ボリュームの情報を簡潔に表示する 189
★ pwck パスワードファイルが正しいかどうか検査する 190
★★★ pwd カレントディレクトリの絶対パスを表示する 191

Q

★ quota ディスククォータを確認する 192
★ quotaoff クォータを無効にする 192
★ quotaon クォータを有効にする 193

R

★ rar 圧縮アーカイブを作成する 194
★ read 入力を受け付け変数に格納する 194
★ readlink シンボリックリンクのリンク先ファイル名を表示する 195
★ readonly シェル変数を読み取り専用に設定する 196
★★ rename ファイル名を一括して変更する 196
★★ renice 実行中のプロセスの実行優先度を変更する 197
★ resize2fs ext2/ext3/ext4ファイルシステムのサイズを変更する 198
★ restore バックアップを復元する 199
★★★ rm ファイルを削除する 199

★ **rmdir** 空のディレクトリを削除する …… 200
★ **rmmod** カーネルモジュールをアンロードする …… 200
★★ **route** ルーティングテーブルを操作する …… 201
★★ **rpm** RPMパッケージを操作する …… 202
★ **rpm2cpio** RPMパッケージからcpioアーカイブを取り出す …… 204
★★ **rsync** ファイルを同期する …… 205

S

★ **sadf** ログをさまざまな形式で出力する …… 207
★★ **sar** システムの統計情報を取得する …… 207
★★★ **scp** SSH経由でファイルをコピーする …… 209
★★ **script** 端末上の文字列を記録する …… 210
★ **sdparm** SCSIデバイスのパラメータを設定したりデバイスの情報を表示したりする …… 211
★★ **sed** テキストデータを編集する …… 212
★★ **seq** 連続した数値を生成する …… 214
★★ **service** サービスを管理する …… 215
★★★ **set** シェル変数やオプションを制御する …… 215
★★★ **setterm** 端末の設定を行う …… 217
★★★ **sftp** SSH経由でファイルを転送する …… 217
★ **sha1sum/sha256sum/sha512sum** SHA-1/SHA-2のメッセージダイジェストを取り扱う …… 219
★ **shred** ファイルの内容をランダムに上書きし復旧困難にする …… 220
★★★ **shutdown** システムの終了や再起動を行う …… 221
★★ **sleep** 指定した時間だけ停止する …… 222
★ **smartctl** ディスクの自己診断機能を利用する …… 222
★★ **sort** ソートして表示する …… 223
★★ **source** ファイルを読み込みシェル上で実行する …… 224

T

★★ **tree** ファイルやディレクトリをツリー状に表示する …… 246
★ **tty** 端末のファイル名を表示する …… 247
★ **tune2fs** ext2/ext3/ext4ファイルシステムのパラメータを調整する …… 247
★★ **type** コマンドの種類を表示する …… 248
★ **tzselect** タイムゾーンを選択する …… 248

U

★★ **ufw** ファイヤウォールを設定する …… 251
★★ **ulimit** シェルで利用できるシステムリソースを制限する …… 252
★★★ **umask** ファイルやディレクトリのデフォルトのアクセス権を表示・設定する …… 254
★★★ **umount** マウントを解除する …… 254
★★ **unalias** エイリアスを削除する …… 255
★★ **uname** システム情報を表示する …… 255
★ **unexpand** 連続した空白をタブに変換する …… 256
★★ **uniq** 重複している行をまとめる …… 256
★ **unrar** rarで作成されたアーカイブを展開する …… 257
★★★ **unset** シェル変数や関数を削除する …… 258
★★ **unxz** xzで圧縮されたファイルを伸張する …… 258
★★★ **unzip** zipで圧縮されたファイルを伸張する …… 259
★ **updatedb** ファイル名データベースを更新する …… 259
★★ **uptime** システムの稼働時間を表示する …… 260
★★★ **useradd** ユーザーを作成する …… 260
★★★ **userdel** ユーザーを削除する …… 261
★★ **usermod** ユーザー情報を変更する …… 262

V

W

X

Y

Z

appendix

introduction
シェルとコマンド

コマンドラインの基礎

Linuxではコマンド操作が基本です。コマンドの実体はプログラムです。コマンドを入力して Enter キーを押すと（本書では↵と表記）、該当するコマンドが実行されます。コマンドを受け付けて実行するソフトウェアをシェル（shell）といいます。シェルにはいろいろな種類がありますが、もっとも広く使われているのがbashです。多くのディストリビューションでbashが標準のシェルとなっています。コマンドライン操作を効率よく行えるよう、シェルにはさまざまな機能が備わっています。

● コマンドの書式

コマンドには、コマンド名と同じファイル名の外部コマンドと、シェルに内蔵されている内部コマンド（組み込みコマンド）があります。入力したコマンドがインストールされていない場合や、スペルミスをしている場合、次のようなメッセージが表示されます。

実行例 コマンドが見つからないエラー1

```
$ kommand↵
-bash: kommand: command not found
```

実行例 コマンドが見つからないエラー2

```
$ which ruby↵
/usr/bin/which: no ruby in (/usr/local/bin:/usr/bin:/usr/local/sbin:/usr/
sbin:/home/centuser/.local/bin:/home/centuser/bin)
```

コマンドには、オプションや引数（ひきすう）を指定できます。コマンドによって、引数が必須のもの、オプションが必須のもの、引数やオプションが存在しないもの、などがあります。ほとんどの場合は引数よりも先にオプションを指定します。本書では、コマンドの書式を次のように示します。[]は省略可能を意味します。

書式 コマンド [オプション] [引数]

● 補完機能

コマンドやファイル名など、入力中の文字列を自動的に補完することができます。入力中に Tab キーを押すと、残りの部分が自動的に補完されます。補完機能は入力の効率を上げることに加えて、入力ミスを減らすためにも必要です。積極的に活用してください。

実行例 Tabキーによる補完

```
$ his ← ここで Tab キーを押すと
↓
$ history ← 残りの部分が補完される
```

入力時点での候補が複数ある場合は、Tab キーを押しても反応がありません。Tab キーを2回押すことで、その時点での候補がすべて表示されます。

実行例 Tabキーによる補完候補の表示

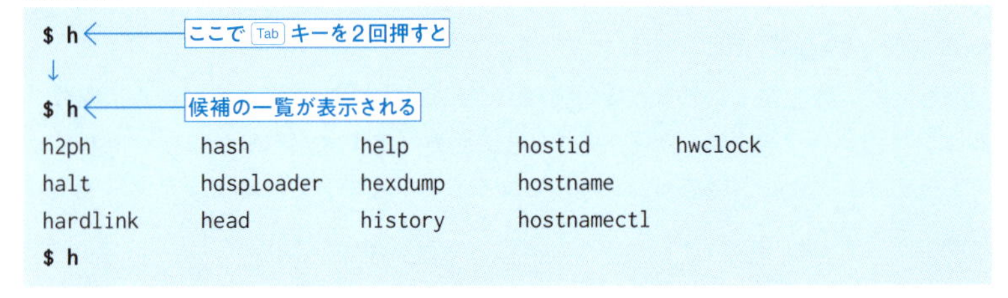

$ h
ここで Tab キーを2回押すと
↓
$ h
候補の一覧が表示される
h2ph hash help hostid hwclock
halt hdsploader hexdump hostname
hardlink head history hostnamectl
$ h

候補が絞り込まれるまで入力を続けてください。Tab キーを2回押しても反応がない場合は、その時点ですでにスペルミスがあるか、目的のファイルやコマンドが見つからないことを意味します。

● コマンド履歴

実行したコマンドは保存されていて、後から呼び出すことで再入力の手間が省けます。カーソルキーの「↑」（または Ctrl ＋ P キー）を押すと、最近実行したコマンドからさかのぼって表示されます。「↓」（または Ctrl ＋ N キー）を押すと逆順、つまり古いものから新しいものへと表示されます。目的のコマンドが表示された時点で Enter キーを押すと、コマンドが再実行されます。

効率よくコマンド履歴を検索するには、インクリメンタル検索を利用します。Ctrl ＋ R キーを押すと、次のような状態になります。

実行例 インクリメンタル検索

```
(reverse-i-search)`':
```

1文字入力するごとに、その時点でのコマンドの候補が表示されます。入力を進めるごとに候補が絞り込まれていくわけです。インクリメンタル検索を途中で終了するには Ctrl + C キーを押します。

● パイプ

Linuxでは、コマンドの出力先を画面上からファイルに切り替えたり、別のコマンドへとつないだりすることが簡単にできます。シンプルな動作のコマンドをいくつも連携させ、システム管理者が求める複雑な操作をすることができます。

書 式 コマンド1 | コマンド2

パイプ「|」を使うと、コマンドの出力を別のコマンドへと渡して処理させることができます。たとえば、ファイルの一覧を表示するlsコマンドと、行数を表示するwcコマンドを連携させてみます（-lは行数表示のためのオプションです）。このようにすると「ファイル数を数える」ことができます。

実行例 パイプでlsコマンドとwcコマンドをつなぐ

```
$ ls↵
adjtime            hostname          python
aliases            hosts             rc0.d
aliases.db         hosts.allow       rc1.d
（省略）
$ ls | wc -l↵
179
```

パイプが使われるケースとしては、行数が多くスクロールアウトしてしまう表示を、lessコマンドを使って1ページずつ表示する、があります。次のコマンドを実行すると、lsコマンドの実行結果をlessコマンドで受けて1ページずつ表示できます。

実行例 /etcディレクトリ以下のファイル一覧をlessコマンドで表示

```
$ ls -l /etc | less↵
```

● リダイレクト

コマンドの実行結果をファイルに保存したい時に使うのがリダイレクトです。リダイレクトにはいろいろな書き方がありますが、とりあえず「>」と「>>」のみを知っておけばよいでしょう。

書式 コマンド > 出力先ファイル名
コマンド >> 出力先ファイル名

たとえば次の例では、lsコマンドの実行結果をfilelistsという名前のファイルに保存しています。

実行例 /etcディレクトリ以下のファイル一覧をfilelistsファイルに保存

```
$ ls /etc > filelists↵
```

通常は画面上に出力されるlsコマンドの実行結果が、指定されたファイル（ここではfilelists）に書き込まれます（ファイルが存在しない場合は新規にファイルが作られます）。「>」の代わりに「>>」を使うと、ファイルを上書きするのではなく、ファイルの末尾に追記します。

● メタキャラクタの利用

シェル上では特殊な意味を持つ記号をメタキャラクタといいます。その中でも、ファイル名のパターンを表す特殊な記号をワイルドカードといいます。シェルのメタキャラクタを使うと、パターンに一致する複数のファイルを一括して扱うことができます。たとえば、/etcディレクトリ以下から、ファイル名の末尾が「.conf」のファイルだけを表示したいのであれば、次のようにします。

実行例 ファイル名の末尾が「.conf」のファイルだけを表示

```
$ ls /etc/*.conf↵
/etc/asound.conf    /etc/krb5.conf       /etc/mke2fs.conf     /etc/sudo-ldap.conf
/etc/chrony.conf    /etc/ld.so.conf      /etc/nsswitch.conf   /etc/sysctl.conf
/etc/dnsmasq.conf   /etc/libaudit.conf   /etc/resolv.conf     /etc/tcsd.conf
/etc/dracut.conf    /etc/libuser.conf    /etc/rsyncd.conf     /etc/vconsole.conf
/etc/e2fsck.conf    /etc/locale.conf     /etc/rsyslog.conf    /etc/yum.conf
/etc/host.conf      /etc/logrotate.conf  /etc/sestatus.conf
/etc/kdump.conf     /etc/man_db.conf     /etc/sudo.conf
```

「*」は「0文字以上の任意の文字列」を表すメタキャラクタです。文字数を限定したい場合は「任意の1文字」を表すメタキャラクタ「?」を使います。次の例では、/etcディレクトリ以下からファイル名が「h」で始まるファイルを表示し、次にファイル名が「h」で始まり、ファイル名の長さが5文字のファイルを表示しています。

実行例 メタキャラクタ「*」と「?」の使い方

```
$ ls /etc/h*↵
/etc/host.conf  /etc/hostname  /etc/hosts  /etc/hosts.allow  /etc/hosts.deny
$ ls /etc/h????↵
/etc/hosts
```

「*」は0文字以上を表すので、たとえば「*.txt」は「.txt」「a.txt」「abc.txt」などにマッチします。

Linuxの基礎知識

● Linuxのファイル

Linuxで扱われるファイルは4種類に分けられます。

● ファイルの種類

ファイルの種類	説明
通常ファイル	文字列が読み書きできるテキストファイルや、プログラムやデータが格納されたバイナリファイル
ディレクトリ	ファイルを格納するフォルダ
リンクファイル	ファイルに別名をつける仕組み。ハードリンクとシンボリックリンクがある
特殊ファイル	デバイスを表すデバイスファイルや特殊な用途のファイル

Windowsでは「.txt」「.exe」といった拡張子がアプリケーションと関連づけられていますが、Linuxではファイル名の一部にすぎません※1。

Linuxでのファイル名は、大文字と小文字が区別されます。また、「.」で始まる名前のファイルやディレクトリは隠しファイル（隠しディレクトリ）となり、通常の操作では表示されなくなります。そういったファイルの多くは設定ファイルです※2。

● ディレクトリの構造

Linuxでは、ディレクトリがツリー上の階層構造になっています（ディレクトリツリー）。すべてのディレクトリの頂点になる、つまり全ディレクトリを格納しているトップディレクトリをルートディレクトリといいます。ルートディレクトリは「/」で表します。

ファイルやディレクトリの場所はパスで表します。ルートディレクトリを起点として表す絶対パスと、カレントディレクトリを起点として表す絶対パスがあります。コマンドでファイルやディレクトリを指定する際は、いずれの方法を使ってもかまいません。ケースバイケースで、短く表せる方か、わかりやすい方を指定する

※1　GUI環境ではアプリケーションに関連づけられていますが、Linuxそのものの機能ではありません。
※2　誤操作で消してしまわないようにする意味があります。

とよいでしょう。

● 相対パスと絶対パス

絶対パスは「/」で始まり、目的のファイルやディレクトリまでの道筋を「/」で区切って表します。たとえば、ルートディレクトリ直下にあるhomeディレクトリ内にあるnorthディレクトリは「/home/north」と表します。絶対パスはファイルやディレクトリを一意に（重複なしに）指定できます。一方、相対パスはファイルやディレクトリの場所を一意で表しません。

コマンドライン操作では、ユーザーはいずれかのディレクトリを作業場所としています。作業中のディレクトリをカレントディレクトリ（またはカレントワーキングディレクトリ）といいます。相対パスは、カレントディレクトリを起点にファイルやディレクトリまでの道筋を表します。たとえば、カレントディレクトリが/home/northであれば、/home/north/tmp/a.txtは「tmp/a.txt」と相対パスで表せます。カレントディレクトリが/homeであれば、相対パスは「centuser/tmp/a.txt」となります。なお、カレントディレクトリはpwdコマンドで確認できます。

実行例 カレントディレクトリを確認する

```
$ pwd↵
/home/north
```

● コマンドの実行パス

シェルは、外部コマンドをPATH変数に列挙されたディレクトリリストに基づいて検索します。PATH変数は「:」で区切られたディレクトリのリストです。

実行例 PATH変数の内容を表示する

```
$ echo $PATH↵
/home/north/bin:/home/north/.local/bin:/usr/local/sbin:/usr/local/bin:/usr/
sbin:/usr/bin:/sbin:/bin:/usr/games:/usr/local/games:/snap/bin
```

コマンドが配置されているディレクトリがこの一覧にない場合、シェルはコマンドを見つけることができません。一般ユーザーでは、管理者コマンドのあるディレクトリ（/usr/sbinや/sbinなど）が含まれていないことがあります※3ので、コマンドが見つからない場合はPATH変数の内容を確認してください。PATH変数には次のようにしてディレクトリを追加することができます。

※3 「パスが通っていない」といいます。

実行例　PATH変数に/opt/binを追加する

```
$ PATH=$PATH:/opt/bin
```

● ホームディレクトリ

ユーザーがログインした時にカレントディレクトリとなるディレクトリをホームディレクトリといいます。Linuxでは通常、「/home/ユーザー名」がホームディレクトリとなります。ホームディレクトリは個々のユーザー専用スペースで、他のユーザーはアクセスできないようになっています。自由にファイルを配置してかまいませんが、システムによってはユーザーごとに利用サイズの上限（クォータ）を設けていることもあります。

● ファイルの属性

ファイルの詳細情報はlsコマンドに-lオプションを指定して実行すると確認できます。

実行例　sample.shファイルの詳細情報を見る

```
$ ls -l sample.sh
-rw-rw-r-- 1 north north 21 12月 23 22:02 sample.sh
    ①      ② ③     ④    ⑤    ⑥           ⑦
```

①ファイルの種別とアクセス権
②リンク数
③ファイルの所有者
④ファイルの所有グループ
⑤ファイルサイズ
⑥最終更新日時
⑦ファイル名

● ユーザーとグループ

システムを利用するには、あらかじめユーザー（ユーザーアカウント）が登録されている必要があります。ユーザーアカウントはユーザー名とパスワードの組み合わせで認証され、正しく認証されればシステムを利用できます。ユーザーには固有のID番号であるUIDが割り当てられています。

UIDが0のユーザーはrootユーザーで、スーパーユーザーともいいます。システムを管理する最大の権限を持っています。システムユーザーは各種システムサービスやサーバープログラムを実行するための特殊なユーザーアカウントです。システムにログインして利用するユーザーは一般ユーザーといいます。一般ユーザーはおおむね1000以上のUIDが割り当てられます。

一般的に、システムに変更を加える操作にはroot権限が必要です。Linuxでは、rootユーザーで実行するか、一般ユーザーのままsudoコマンドを使って実行する必要があります。

ユーザーは1つ以上のグループに所属します。ファイルやディレクトリを作成すると、作成したユーザーがその所有者となります。また、ユーザーの属しているグループが所有グループとなります。

コラム　実効ユーザーと実ユーザー

コマンドを実行すると、そのプロセスは実行したユーザーのIDで実行されます。例えば、northユーザーがコマンドを実行すると、そのプロセスはnorthユーザーの権限で実行されます。しかし、SUID (Set User ID) がセットされたコマンド、例えばpasswdコマンドを実行すると、rootユーザーの権限で実行されます。この場合、rootユーザーが実効ユーザー (Effective User) です。実ユーザーをRUID (Run User ID)、実効ユーザーをEUID (Effective User ID) と表すこともあります。SUIDがセットされていない場合、RUIDとEUIDは同じです。

● パーミッション

ファイルやディレクトリにはアクセス権が設定されています。アクセス権には「読み取り可能」「書き込み可能」「実行可能」の3種類があり、「所有者」「所有グループ」「その他のユーザー」それぞれに対して設定できます。読み取り可能は「r」、書き込み可能は「w」、実行可能は「x」で表します[※4]。

● ディレクトリのアクセス権

アクセス権	説明
読み取り可能	ディレクトリ内のファイル一覧を表示できる
書き込み可能	ディレクトリ内でファイルの作成や削除ができる
実行可能	ディレクトリ内のファイルにアクセスできる

所有者、所有グループとアクセス権を組み合わせたものをパーミッションと呼びます[※5]。所有者はchownコマンドで、所有グループはchgrpコマンドで、アクセス権はchmodコマンドで変更できます。

※4　それぞれ、Readable、Writable、eXecutableという意味です。
※5　アクセス権と同じ意味でパーミッションと呼ばれることもあります。

コマンドリファレンス

A - Z

Ubuntu Raspbian WSL software-properties-common

add-apt-repository

サードパーティのリポジトリを追加する。

書式 add-apt-repository リポジトリ

非公式のリポジトリであるPPA（Personal Package Archives）を追加し、サードパーティ製のソフトウェアをaptコマンドやapt-getコマンドで扱えるようにします※1。公式には扱われていないソフトウェアを利用するのに便利ですが、安易に導入するとシステムの安定性やセキュリティを損なうことも考えられるため、その点に注意して運用すべきです。PPAを登録すると、apt upgradeでアップグレードの対象となるため、システム全体で一括してアップデートをかけることができる便利さがあります。追加されたリポジトリの情報は、/etc/apt/sources.listファイル、または/etc/apt/sources.list.dディレクトリ以下に格納されます。

実行例 LibreOfficeのリポジトリを追加する

```
# add-apt-repository ppa:libreoffice/ppa↵
```

リポジトリ追加後はインデックスの更新を行います。

実行例 インデックスを更新する

```
# apt update↵
```

関連コマンド ppa-purge | apt

Ubuntu adduser Raspbian adduser

adduser

ユーザーを追加する。

書式 adduser ［オプション］ ユーザー名

● 主なオプション

--conf ファイル名	設定ファイルを指定する
--home ディレクトリ	ホームディレクトリを指定する
--shell シェルのパス	ログインシェルを指定する
--no-create-home	ホームディレクトリを作成しない

※1 ソフトウェアは https://launchpad.net/ などで検索できます。

--uid UID	UIDを指定する
--ingroup グループ	ユーザー名と同名のグループを作成せずグループを指定する
--gid GID	GIDを指定する
--disabled-password	パスワード認証を無効にする
--disabled-login	パスワードを設定しない（パスワードを設定するまでログインできない）
--system	システムユーザーを作成する
--gecos メッセージ	ユーザー情報をGECOSフィールドに登録する

新規ユーザーアカウントを作成します※2。デフォルトのシェルやホームディレクトリなど、ユーザー作成のための情報は/etc/adduser.confで設定します。

実行例 ユーザーアカウントpockyを作成する

```
# adduser pocky↵
ユーザー `pocky' を追加しています ...
新しいグループ `pocky' (1006) を追加しています ...
新しいユーザー `pocky' (1005) をグループ `pocky' に追加しています ...
ホームディレクトリ `/home/pocky' を作成しています ...
`/etc/skel' からファイルをコピーしています ...
新しい UNIX パスワードを入力してください：←パスワードを入力
新しい UNIX パスワードを再入力してください：←パスワードを入力
passwd: password updated successfully
Changing the user information for pocky
Enter the new value, or press ENTER for the default
        Full Name []: Pocky↵ ←フルネームを入力（なければEnter）
        Room Number []:↵ ←部屋番号を入力（なければEnter）
        Work Phone []:↵ ←職場電話番号を入力（なければEnter）
        Home Phone []:↵ ←自宅電話番号を入力（なければEnter）
        Other []: example user↵ ←コメントを入力（なければEnter）
以上で正しいですか？ [Y/n] y↵ ←よければ「y」を入力
```

関連コマンド useradd | deluser | userdel | usermod | passwd

※2 UbuntuやRaspberianでは、useraddコマンドよりもadduserコマンドを使った方がよいでしょう。CentOSでは、adduserコマンドはuseraddコマンドのシンボリックリンクです。

CentOS Ubuntu Raspbian WSL bash組み込み

alias

別名(エイリアス)を設定・表示する。

書式 alias [別名[='コマンド']]

コマンドに別名(エイリアス)を設定したり、コマンド実行時に特定のオプションを付けて実行させることができます※3。引数なしでaliasコマンドを実行すると、設定済みのエイリアスが表示されます。

実行例 ls -lコマンドを実行した結果をlessコマンドで表示するエイリアス「lsless」を設定する

```
$ alias lsless='ls -l | less'↵
```

実行例 rmコマンド実行時には常に-iオプションが付くようにエイリアスrmを設定する

```
$ alias rm='rm -i'↵
```

関連コマンド unalias

CentOS apg Ubuntu apg Raspbian apg WSL apg

apg

パスワードを自動的に生成する。

書式 agp [オプション]

● 主なオプション

-m 文字数	最小文字数を指定する
-x 文字数	最大文字数を指定する
-n 生成数	生成するパスワードの数を指定する(デフォルトは6つ)
-t	読み方を出力する(-a 1のときは無効)
-a 0	デフォルトのアルゴリズムを使う(発音可能な簡単な文字列)
-a 1	複雑なアルゴリズムを使う(記号を使った複雑な文字列)

ランダムなパスワードを自動的に生成します(Automated Password Generator)。コマンドのみを実行すると、パスワード生成の元となる乱数データの入力を求められます。適当な文字列を入力して Enter キーを押すと、8～12文字のパスワード候補が6つ表示されます。実行結果の()内は読み方のヒントです。

※3 設定したエイリアスは、シェルを終了すると消えてしまいます。永続的な設定は、~/.bashrcファイルに記述しておくとよいでしょう。

実行例 パスワード候補を6つ表示する

```
$ apg↵ ※4

Please enter some random data (only first 8 are significant)
(eg. your old password):>↵ ←何か文字列を入力する
etch0odPagg3 (etch-ZERO-od-Pagg-THREE)
EbsEenBais7 (Ebs-Een-Bais-SEVEN)
Ceab6shlo (Ceab-SIX-shlo)
cejEshFuj4 (cej-Esh-Fuj-FOUR)
Bitvijhylv4 (Bit-vij-hylv-FOUR)
JovmyHov7 (Jov-my-Hov-SEVEN)
```

実行例 12文字のパスワード候補を3つ表示する

```
$ apg -m 12 -x 12 -n 3 -t↵
PrettirtOmBo (Prett-irt-Om-Bo)
Deewnayshid8 (Deewn-ay-shid-EIGHT)
MevZosZocpir (Mev-Zos-Zoc-pir)
```

関連コマンド passwd | pwgen

CentOS man-db Ubuntu man-db Raspbian man-db WSL man-db

apropos ★★

マニュアルページの名前と要約文を検索する。

書式 apropos [オプション] キーワード

● 主なオプション

-r, --regex	キーワードを正規表現として扱う（デフォルト）
-w, --wildcard	キーワードをシェルのワイルドカードを含むパターンとして扱う
-e, --exact	名前と要約文に対して厳密に一致させる
-a, --and	キーワード全てにマッチしたページのみ表示する（デフォルトはいずれかが一致）
-s リスト, --sections リスト	指定したマニュアルのセクションのみ検索する

manコマンドで表示されるマニュアルページの、名前（コマンド名）と要約文をキーワードで検索します。

※4 ディストリビューションによっては生成されたパスワードだけが表示されます。

実行例 「passwd」で始まる名前を検索する

```
$ apropos -r passwd↵
passwd (1)              - ユーザーパスワードを変更する
passwd (5)              - パスワードファイル
passwd (1ssl)           - compute password hashes
```

関連コマンド man | whatis

Ubuntu apt　Raspbian apt　WSL apt

apt ★★★

APTでパッケージを管理する。

書式 apt ［オプション］ サブコマンド

● 主なオプション

-y	問い合わせに対して自動的にyesと回答する

● サブコマンド

update	パッケージリストを更新する
install パッケージ	パッケージをインストールする
remove パッケージ	パッケージを削除する（設定ファイルは残す）
purge パッケージ	パッケージを完全に削除する
upgrade	システムをアップデートする
full-upgrade	システムのメジャーバージョンを最新にアップデートする
show パッケージ	指定したパッケージに関する情報を表示する
list	パッケージのリストを表示する
search キーワード	指定したキーワードでパッケージ情報を全文検索する
autoremove	必要とされていないパッケージを自動的に削除する

Debian系ディストリビューションではAPT（Advansed Packaging Tool）を使ってパッケージを管理しています。aptコマンドは、古くから使われてきたapt-get/apt-cacheコマンドを合わせたようなコマンドです。APTを使うには、まず、利用可能なパッケージリストを更新する必要があります。インストールやアップデートに必要なファイルは、インターネット上のリポジトリから自動的にダウンロードされます※5。

実行例 パッケージリストを更新する

```
# apt update↵
```

※5　apt-getコマンド、apt-cacheコマンドとほぼ同等の操作ができます。通常はaptコマンドのみ利用すればよいでしょう。

実行例 システムをアップデートする(問い合わせには自動的にYesと答える)

```
# apt -y upgrade
```

実行例 slパッケージをインストールする

```
# apt install sl
```

実行例 slパッケージを削除する

```
# apt remove sl
```

関連コマンド apt-get | apt-cache | dpkg

A apt-cache

Ubuntu apt Raspbian apt WSL apt

apt-cache

APTパッケージ情報への問い合わせを処理する。

書式 apt-cache サブコマンド [オプション] [パッケージ名]

● サブコマンド

search キーワード	指定したキーワードでパッケージ情報を全文検索する
show パッケージ	指定したパッケージの詳細情報を表示する
showpkg パッケージ	指定したパッケージの依存関係などの情報を表示する
showsrc パッケージ	指定したパッケージ名に一致するソースパッケージを表示する
stats	パッケージキャッシュについての統計情報を表示する
depends パッケージ	指定したパッケージが依存しているパッケージを表示する
rdepends パッケージ	指定したパッケージが依存されているパッケージを表示する

● 主なオプション

-q, --quiet	進捗情報を省略する
-n, --names-only	説明文ではなくパッケージ名のみを検索する

APTのパッケージ情報(パッケージキャッシュ)へ問い合わせ、パッケージに関する各種情報を表示します。

実行例 「bash」というキーワードでパッケージを検索する

```
$ apt-cache search bash
bash - GNU Bourne Again SHell
bash-completion - bash シェル用のプログラム可能な補完機能
bash-doc - Documentation and examples for the GNU Bourne Again SHell
dash - POSIX に準拠したシェル
(以下省略)
```

実行例 bashパッケージの情報を表示する

```
$ apt-cache show bash
Package: bash
Architecture: i386
Version: 4.3-14ubuntu1.2
Multi-Arch: foreign
Priority: required
Essential: yes
Section: shells
Origin: Ubuntu
(以下省略)
```

実行例 bashパッケージが依存しているパッケージを表示する

```
$ apt-cache depends bash
bash
  先行依存: dash
  先行依存: libc6
  先行依存: libtinfo5
  依存: base-files
(以下省略)
```

関連コマンド apt | apt-get

Ubuntu apt-file　Raspbian apt-file　WSL apt-file

apt-file

APTパッケージを検索する。

書　式 apt-file [オプション] アクション [パターン]

● 主なオプション

-F, --fixed-string	パターンと厳密に一致したものだけ表示する
-i, --ignore-case	大文字と小文字を区別しない
-x, --regexp	パターンを正規表現とみなす

● アクション

update	パッケージ情報を同期する
search, find	パッケージに含まれるファイル名で検索する
list, show	パッケージ内のファイルを表示する
purge	キャッシュファイルを削除する

指定したファイルを含むAPTパッケージを検索します。必要なファイル名はわかるがパッケージ名がわからない、必要なコマンドをインストールするのにパッケージ名がわからない、といった場合に利用します。

実行例 パッケージ情報を更新する

```
# apt-file update↵
```

実行例 /usr/bin/sudoファイルを含むパッケージを検索する

```
$ apt-file search /usr/bin/sudo↵
sudo: /usr/bin/sudo
sudo: /usr/bin/sudoedit ← 部分一致のファイルも検索対象になる
(以下省略)
$ apt-file -F search /usr/bin/sudo↵ ← -Fオプションで部分一致は除外される
sudo: /usr/bin/sudo
sudo-ldap: /usr/bin/sudo
```

実行例 apt-fileパッケージに含まれるファイルを表示する

```
$ apt-file list apt-file↵
apt-file: /etc/apt/apt-file.conf
(以下省略)
```

関連コマンド apt | apt-cache

Ubuntu apt　Raspbian apt　WSL apt

apt-get

APTを使ったパッケージ管理を行う。

書式 apt-get [オプション] サブコマンド

● 主なオプション

-y, --yes	処理中の問い合わせに対して自動的にYes (Y) と答える
--assume-no	処理中の問い合わせに対して自動的にNo (N) と答える
-d, --download-only	システムを変更せずダウンロードのみ行う
-s, --simulate, --dry-run, --no-act	システムを変更せずシミュレーションだけ行う
-f, --fix-broken	依存関係が壊れたシステムの修正を試みる
-c ファイル	設定ファイルを指定する (デフォルトは/etc/apt/apt.conf.d/以下のファイル)

● サブコマンド

update	パッケージインデックスを更新する
upgrade	システムをアップデートする
dist-upgrade	システムのメジャーバージョンをアップデートする
install パッケージ	指定したパッケージをインストールする
remove パッケージ	指定したパッケージを削除する（設定ファイルは残す）
purge パッケージ	指定したパッケージを完全に削除する（設定ファイルも削除する）
autoremove	自動的にインストールされたもののもう使われていないパッケージを削除する
autoclean	ダウンロードしたパッケージのアーカイブを削除する
check	パッケージキャッシュを更新し依存関係をチェックする
changelog パッケージ	チェンジログをダウンロードし表示する
download パッケージ	パッケージをダウンロードのみ行う（インストールはしない）

APTを使ってパッケージを管理します。パッケージのインストールやシステムのアップデートなど、システム構成の変更にかかわる操作はapt-getコマンドを、パッケージ情報の照会などはapt-cacheコマンドと使い分けます。aptコマンドが使える場合はそちらを使ってください。

実行例 パッケージリストを更新する

```
# apt-get update↵
```

実行例 システムをアップデートする

```
# apt-get upgrade↵
```

実行例 slパッケージをインストールする

```
# apt-get install sl↵
```

実行例 slパッケージを削除する

```
# apt-get remove sl↵
```

関連コマンド apt | apt-cache

CentOS coreutils Ubuntu coreutils Raspbian coreutils WSL coreutils

arch ★

> システムのアーキテクチャを表示する。

書式 arch

システムのアーキテクチャ（i686、x86_64など）を表示します。

実行例 システムのアーキテクチャを表示する

```
$ arch↵
i686
```

関連コマンド uname

CentOS net-tools Ubuntu net-tools Raspbian net-tools WSL net-tools

arp ★

> ARPキャッシュを操作する。

書式 arp [オプション] [ホスト名]
arp -s ホスト名 MACアドレス

●主なオプション

-n, --numeric	ホスト名やポート名を名前解決せず数値で表示する
-a	BSDスタイルで表示する
-e	Linuxスタイルで表示する（デフォルト）
-d	指定したホストをARPキャッシュから削除する
-i, --device インターフェース	指定したネットワークインターフェースのエントリのみ表示する
-s, --set	ホストとMACアドレスを指定してARPキャッシュに書き込む

カーネルのAPRキャッシュを操作します。ARPキャッシュはIPアドレスとMACアドレス※6の対応表で、ホスト名とMACアドレスの名前解決に使われます。最近のディストリビューションではarpコマンドは非推奨で、代わりにipコマンドを使うことを推奨します。

実行例 ARPキャッシュを表示する

```
$ arp↵
Address                  HWtype  HWaddress           Flags Mask            Iface
192.168.1.33             ether   00:23:54:69:bc:f8   C                     eth0
192.168.1.21             ether   4c:cc:6a:66:bb:bf   C                     eth0
corega.home              ether   00:26:87:0d:db:20   C                     eth0
```

※6 ネットワークアダプタの識別番号。通常は変更できない。

● arpコマンドの主な表示項目

項目	説明
Address	IPアドレス/ホスト名
HWtype	デバイスのタイプ（ether：イーサネット）
HWaddress	MACアドレス
Flags	フラグ（C：通常のエントリ、M：永続的なエントリ）
Iface	ネットワークインターフェース名

CentOS at　Ubuntu at　Raspbian at

at

★★

指定した日時にコマンドを実行する。

書式　at 日時
　　　at [オプション]

● 主なオプション

-d ジョブ番号	指定した予約ジョブを削除する（atrmコマンドでも可）
-f ファイル名	コマンドを記述したファイルを指定する
-l	予約中のジョブを表示する（atqコマンドでも可）
-c ジョブ番号	指定したジョブをただちに実行する

● 主な日時表記例

表記	説明
23:10	23時10分
6:00 tomorrow	翌日の6時
now + 3 days	3日後

指定した日時に1度だけ、任意のジョブ（一連のコマンド）を実行します。次の例では今日の23時10分にvmstatコマンドを実行します。実行するコマンドはCtrl+Dで終了するまでいくつでも登録できます。

実行例　午後11時10分にvmstatコマンドを実行する

```
$ at 23:10
warning: commands will be executed using /bin/sh
at> vmstat 5 5 > /home/centuser/vmstat.log
at> <EOT>  ← Ctrl + D を押す
job 2 at Thu Nov  9 23:00:00 2017
```

実行例　明朝6時に実行するジョブを予約する

```
$ at 6:00 tomorrow
```

実行例 3日後の現在時刻に実行するジョブを予約する

```
$ at now + 3 days⏎
```

関連コマンド atq | atrm

CentOS at　Ubuntu at　Raspbian at

atq

★☆☆

atコマンドで予約したジョブを確認する。

書　式 atq

atコマンドで予約したジョブを確認します。atqコマンドを実行すると、ジョブ番号、実行日時が表示されます。at -lコマンドと動作は同じです。

実行例 予約中のジョブを確認する

```
$ atq⏎
3       Thu Nov  9 23:00:00 2017 a centuser
```

関連コマンド at | atrm

CentOS at　Ubuntu at　Raspbian at

atrm

atコマンドで予約したジョブを削除する。

書　式 atrm ジョブ番号

atコマンドで予約したジョブを削除します。予約したジョブに付けられたジョブ番号はatqコマンド（またはat -lコマンド）で確認できます。

実行例 ジョブ番号3の予約ジョブを削除する

```
$ atrm 3⏎
```

関連コマンド at | atq

CentOS gawk Ubuntu gawk Raspbian gawk WSL gawk

awk

★★

テキストデータを処理する。

書式 awk [オプション] 'コマンド' [ファイル名]
awk [オプション] -f コマンドファイル [ファイル名]

● 主なオプション

-f, --file ファイル名	スクリプトファイルを指定する
-F, --field-separator 文字	デリミタ(区切り文字)を指定する

● 主な組み込み変数

組み込み変数	説明
$n	n番目のフィールド
$0	レコード全体
FILENAME	入力ファイル名
FS	フィールドの区切り文字(デフォルトは空白文字列)
NF	入力レコード内のフィールド数
NR	処理したレコードの数
RS	レコードの区切り文字(デフォルトは改行)

awkは簡易なプログラミング言語で、指定したファイルや標準入力からテキストデータを読み込み、行単位で処理を実施します。

awkではテキストデータの1行を、複数のフィールドから構成されるレコードとして扱います。フィールドの区切り文字(デリミタ)は-Fオプションで指定します。デフォルトの区切り文字はスペースです。各フィールドの値は$1、$2、といった変数に格納されます。また、ファイル名を表すFILENAMEやレコード数(行数)を表すNRといった組み込み変数をスクリプト内で利用できます。文字列や変数を表示するにはprintコマンドを使います。

実行例 /etc/passwdファイルの第1フィールド(ユーザー名)、第3フィールド(UID)、第7フィールド(デフォルトシェル)だけを表示する

```
$ awk -F ":" '{ print $1, $3, $7 }' /etc/passwd↵
root 0 /bin/bash
daemon 1 /usr/sbin/nologin
bin 2 /usr/sbin/nologin
(以下省略)
```

実行例 /etc/passwdファイルの第7フィールドが/bin/falseとなっている行のユーザー名と行番号を表示する

```
$ awk -F ":" '$7 == "/bin/false" { print NR, $1 }' /etc/passwd
19 systemd-timesync
20 systemd-network
21 systemd-resolve
(以下省略)
```

END { }ブロックはすべてのレコードを処理した後に実行されます。

実行例 ls -lの出力から、パーミッション、サイズ、ファイル名だけを表示し、最後にファイルサイズの合計を表示する

```
$ ls -l | tail -n +2 | awk '{print $1,$5,$9} {s+=$5} END {print "Total: " s}'
-rw-r--r-- 7113 apache2.conf
-rw-r--r-- 7114 apache2.conf.old
-rw-rw-r-- 1812 env.log
-rw-rw-r-- 8 sample.sh
-rw-rw-r-- 2324 tree.log
Total: 18371
```

awkのコマンドはファイルに記述し、-fオプションで指定することもできます。

実行例 上の例をawktestファイルに記述し実行する

```
$ cat awktest
{
  print $1,$5,$9
}
{
  s+=$5
}
END {
  print "Total: " s
}
$ ls -l | tail -n +2 | awk -f awktest
```

CentOS coreutils Ubuntu coreutils Raspbian coreutils WSL coreutils

basename

★☆☆

ファイル名のパスからディレクトリを取り除く。

書式 basename [オプション] パス [拡張子]

● 主なオプション

オプション	説明
-a, --multiple	引数を複数指定できるようにする
-s 拡張子、--suffix=拡張子	指定した拡張子を削除する

ファイル名のパスからディレクトリのパスを取り除き、ファイル名のみを出力します。拡張子（接頭辞：suffix）を指定した場合は、拡張子も取り除きます。

実行例 絶対パスからファイル名のみ表示する

```
$ basename /home/north/examples/uname.c↵
uname.c
```

実行例 絶対パスからファイル名のみを取り出し拡張子.cを外して表示する

```
$ basename /home/north/examples/uname.c .c↵
uname
```

関連コマンド dirname

CentOS Ubuntu Raspbian WSL bash組み込み

bash

bashシェルを起動する。

書式 bash [オプション] [ファイル]

● 主なオプション

オプション	説明
-c コマンド	指定したコマンドを実行する
-i	対話的なシェルとして起動する
-l, --login	ログインシェルのように起動する
--noprofile	初期化ファイル/etc/profile、~/.bash_profile、~/.bash_login、~/.profileいずれも読み込まない
--norc	初期化ファイル~/.bashrcを読み込まない

新しくbashシェルを起動します。bashを終了するにはexitコマンドを実行するか、Ctrl+Dを押します。ファイルを指定した場合は、ファイルに記述されたシェルスクリプトを新しいbashプロセスで実行します。

実行例 bashを新しく起動する

```
$ bash↵
```

実行例 新しく起動したbashでシェルスクリプトsample.shを実行する

```
$ bash sample.sh↵
```

関連コマンド exit

CentOS at　Ubuntu at　Raspbian at

batch ★☆☆

> システム負荷が低い時にコマンドを実行する。

書式 batch [オプション]

● 主なオプション

-f ファイル	指定したファイルに記述されたコマンドを予約する

自動的に実行するコマンドを予約する点はatコマンドと同じですが、指定した日時ではなく、システム負荷が低い（0.8）時に実行されます。batchコマンド実行時点でシステム負荷が低い場合はすぐに実行されます。予約したジョブを確認するにはatqコマンドを使います。

実行例 システム負荷が低い時にvmstatコマンドを実行するよう予約する

```
$ batch↵
warning: commands will be executed using /bin/sh
at> vmstat 5 5 > /home/centuser/vmstat.log
at> <EOT>←── Ctrl + D 押す
job 4 at Tue Nov 28 19:09:00 2017
```

関連コマンド at | atq | atrm

bc

計算をする。

書式 bc [オプション]

●主なオプション

-q, --quiet	起動時のメッセージを表示しない

数式を計算します。対話的に計算を実行するほか、標準入力から式を読み込んだり、ファイルに記述された式を処理したりします。対話モードは「quit」を入力するか Ctrl+D を押すまで続きます。

実行例 対話モードで計算する

```
$ bc
bc 1.06.95
Copyright 1991-1994, 1997, 1998, 2000, 2004, 2006 Free Software Foundation, Inc.
This is free software with ABSOLUTELY NO WARRANTY.
For details type `warranty'.
256*1024        ← 式を入力し Enter キーを押す
262144          ← 結果が表示される
quit            ← 対話モードを終了する
```

実行例 標準入力からの式を計算する

```
$ echo "256*1024" | bc
262144
```

関連コマンド expr

bg

★★

指定したジョブをバックグラウンドで再開する。

書式 bg [ジョブ番号]

Ctrl+Z キーなどによって一時停止（サスペンド）中のジョブをバックグラウンドで再開します。ジョブ番号はjobsコマンドで確認できます。ジョブ番号を省略した時は、直前のジョブ（jobsコマンドで「+」マークが付けられたもの）がバックグラウンドで実行されます。

実行例 tailコマンドを一時停止しバックグラウンドで再開する

```
$ tail -f /var/log/syslog↵
[1]+  停止          tail -f /var/log/syslog ← Ctrl + Z で一時停止する
$ jobs↵
[1]+  停止                    tail -f /var/log/syslog ← ジョブ番号を確認する
$ bg 1↵ ← バックグラウンドで再開する
[1]+ tail -f /var/log/syslog &
```

関連コマンド fg | jobs

CentOS Ubuntu Raspbian WSL bash組み込み

builtin

★

組み込みコマンドを優先的に実行する。

書式 builtin コマンド

同じ名前のシェル組み込みコマンドと外部コマンドがあった場合、組み込みコマンドを優先して実行します。組み込みコマンドと外部コマンドで仕様が異なる場合があって、シェルスクリプト内で組み込みコマンドを確実に使いたい時などに利用します。

実行例 組み込みコマンドのechoと/bin/echoの違いを確認する

```
$ builtin echo -e "¥100"↵
¥100
$ /bin/echo -e "¥100"↵
@
```

関連コマンド command

CentOS bzip2 Ubuntu bzip2 Raspbian bzip2 WSL bzip2

bunzip2

★★★

bzip2で圧縮されたファイルを伸張する。

書式 bunzip2 [オプション] [ファイル名]

●主なオプション

-k, --keep	展開後に元のファイルを削除しない
-c, --stdout	標準出力へ出力する

bzip2で圧縮されたファイルを伸張します。伸張後に圧縮ファイルは削除されます。元の圧縮ファイルを残すには、-kオプションを指定します。

実行例 sampledata.bz2ファイルを伸張する

```
$ bunzip2 sampledata.bz2↵
```

関連コマンド bzip2

CentOS bzip2 Ubuntu bzip2 Raspbian bzip2 WSL bzip2

bzcat

bzip2で圧縮されたファイルを伸張して標準出力へ出力する。

書式 bzcat [ファイル名]

bzip2で圧縮されたファイルを、ファイルを圧縮したまま、内容を伸張して標準出力に出力します。圧縮ファイルを伸張しなくても圧縮ファイルの内容を確認できます。

実行例 vmstat.log.bz2ファイルの内容を伸張して出力する

```
$ bzcat vmstat.log.bz↵
```

関連コマンド bzip2 | bunzip2

CentOS bzip2 Ubuntu bzip2 Raspbian bzip2 WSL bzip2

bzip2

ファイルを圧縮・伸張する。

書式 bzip2 [オプション] [ファイル名]

● 主なオプション

-d, --decompress	圧縮ファイルを伸張する(bunzip2コマンドと同じ)
-c, --stdout	標準出力へ出力する
-t, --test	圧縮ファイルの完全性をチェックする
-f, --force	既存の出力ファイルを上書きする
-k, --keep	圧縮後に元のファイルを削除しない

ファイルを圧縮します。圧縮されたファイルには「.bz2」という拡張子が付けられ、元のファイルと置き換えられます。元のファイルを残すには、-kオプションを指定します。

実行例 sampledataファイルを圧縮する

```
$ bzip2 sampledata↵
```

関連コマンド bunzip2 | gzip | xz

CentOS util-linux Ubuntu Raspbian WSL bsdmainutils

cal

★

カレンダーを表示する。

書式 cal [オプション] [[月]年]

● 主なオプション

-h	今日のハイライト表示を無効にする（ディストリビューションに依存）
-3	先月、今月、来月のカレンダーを表示する
-1	今月のカレンダーを表示する（デフォルト）
-A 数	指定した数だけ後の月までカレンダーを表示する
-B 数	指定した数だけ前の月からカレンダーを表示する
-m	月曜から始まるカレンダーを表示する（CentOS）
-s	日曜から始まるカレンダーを表示する（CentOS）

カレンダーを表示します※1。引数を指定しない時は当月のカレンダーが表示されます。年は4桁の西暦で指定します。ディストリビューションによってオプションが異なる場合があるので注意してください。

実行例 2018年4月のカレンダーを表示する

```
$ cal 4 2018
```

CentOS coreutils Ubuntu coreutils Raspbian coreutils WSL coreutils

cat

テキストファイルを表示・結合する。

書式 cat [オプション] [ファイル名]

● 主なオプション

-b, --number-nonblank	空白ではない行に行番号を表示する
-n, --number	すべての行に行番号を表示する
-E, --show-ends	行末に「$」を表示する
-T, --show-tabs	タブ文字を「^I」で表示する

引数に指定したファイルの内容を表示します。複数のファイルを指定した時は、順に表示されます。その出力をリダイレクトすることで、複数のファイルを結合（conCATenate）することができます。

※1　ncalコマンドを使うとカレンダーを縦表示できます。

実行例 /etc/hostsファイルの内容を表示する

```
$ cat /etc/hosts
```

実行例 ファイルdata1とdata2を結合してdata3として保存する

```
$ cat data1 data2 > data3
```

引数に指定した「-」は標準入力を示します。

実行例 最初に標準入力（ここでは文字列「ABCDE」）を出力し、次にファイルdata1の内容を出力する

```
$ echo "ABCDE" | cat - data1
```

関連コマンド less | tac

CentOS Ubuntu Raspbian WSL bash組み込み

cd ★★★

指定したディレクトリに移動する。

書式 cd [-] [ディレクトリ]

● 主なオプション

オプション	説明
-	直前のカレントディレクトリに戻る

カレントディレクトリを指定したディレクトリに変更します。ディレクトリのパスを省略した場合は、ユーザーのホームディレクトリに移動します。

実行例 直前のカレントディレクトリに戻る

```
$ cd -
```

実行例 1つ上のディレクトリに移動する

```
$ cd ..
```

実行例 northユーザーのホームディレクトリに移動する

```
$ cd ~north
```

関連コマンド pwd

CentOS shadow-utils Ubuntu passwd Raspbian passwd WSL passwd

chage

パスワードの有効期限を設定する。

書式 chage [オプション] ユーザー名

● 主なオプション

オプション	説明
-l, --list	パスワードもしくはアカウントの有効期限を表示する
-m 日数, --mindays 日数	パスワード変更間隔の最低日数を設定する
-M 日数, --maxdays 日数	パスワードの最大有効期限日数を設定する
-d 日付, --lastday 日付	パスワードの最終更新日を設定する
-W 日数, --warndays 日数	パスワードの有効期限切れの警告が何日前から始まるかを設定する
-I 日数, --inactive 日数	パスワードの有効期限後にアカウントがロックされるまでの日数を設定する
-E 日付, --expiredate 日付	ユーザーアカウントが無効になる日付を設定する

パスワードの有効期限※2を設定したり、アカウントが無効になる日付を設定したりします。ユーザー名のみ指定して実行すると、そのユーザーの設定を対話的に変更できます。

実行例 northユーザーのパスワード有効期限を設定する

```
# chage north
Changing the aging information for north
Enter the new value, or press ENTER for the default

        Minimum Password Age [0]: 3 ← パスワード変更可能までの最短日数
        Maximum Password Age [99999]: 28 ← パスワード変更可能期間の最長日数
        Last Password Change (YYYY-MM-DD) [2017-11-28]: ← 最後にパスワード変更した日付
        Password Expiration Warning [7]: ← パスワード期限切れ警告日数
        Password Inactive [-1]: 0 ← パスワード無効日数
        Account Expiration Date (YYYY-MM-DD) [-1]: 2018-12-31 ← アカウント期限切れ日付
```

実行例 上記と同じ設定をオプションで指定する

```
# chage -m 3 -M 28 -W 7 -I 0 -E 2018-12-31 north
```

関連コマンド passwd

※2 有効期限情報は/etc/shadowファイルに書き込まれます。

chattr

ファイルの拡張属性を変更する。

書式 chattr [オプション] [属性] ファイル

● 主なオプション

-R	ディレクトリ内を再帰的に変更する
-V	属性の変更を詳細に表示する

● 主な属性

属性	説明
A	アクセスされてもatimeが変更されない
a	ファイルに追記することはできるが変更はできない
c	ファイルサイズを自動的に圧縮する
d	dumpコマンドによるバックアップの対象外にする
e	ファイルの断片化を防ぐ機能を使う（chattrでは変更できない）
i	一切の変更・削除を禁止する
s	ファイルを削除する時に中身を「0」で埋める（復旧困難になる）
u	ファイルを削除しても復旧できるようにする

ext2/ext3/ext4ファイルシステムにおいて、ファイルの拡張属性を変更します。「+属性」でファイルに属性を追加し、「-属性」でファイルから属性を削除します。拡張属性はlsattrコマンドで確認できます。

実行例 samplefileファイルの変更・削除を禁止する

```
# chattr -V +i samplefile↵
chattr 1.42.13 (17-May-2015)
Flags of samplefile set as ----i--------e--
# rm samplefile↵  ←rootユーザーでも削除できない
rm: 'samplefile' を削除できません: 許可されていない操作です
```

関連コマンド lsattr

CentOS coreutils Ubuntu coreutils Raspbian coreutils WSL coreutils

chgrp ★★★

ファイルやディレクトリの所有グループを変更する。

書式 chgrp [オプション] グループ ファイル/ディレクトリ

● 主なオプション

-f, --silent	ほとんどのエラーメッセージを出力しない
-R, --recursive	ディレクトリ内のファイルやサブディレクトリも再帰的に変更する

ファイルやディレクトリの所有グループを変更します。

実行例 /share/dataディレクトリの所有グループをstaffに変更する

```
# chgrp staff /share/data↵
```

実行例 /share/dataディレクトリとその下にあるファイルやディレクトリの所有グループをすべてstaffに変更する

```
# chgrp -R staff /share/data↵
```

関連コマンド chown

chkconfig

chkconfig ★★

サービスの自動起動を設定する。

書式 chkconfig [オプション] サービス名 [on|off]

● 主なオプション

--list サービス名	指定したサービスの自動起動設定をリスト表示する
--level ランレベル	ランレベルを指定する

CentOS 7以前のCentOSやRed Hat系のディストリビューション※3で、システム起動時に自動的に起動させるサービスを設定します。

※3 systemdが採用されたCentOS 7以降やUbuntuなどではsystemctlコマンドを使います。

実行例 すべてのサービスの自動起動設定をリスト表示する

```
# chkconfig --list↵
abrt-ccpp       0:off   1:off   2:off   3:off   4:off   5:off   6:off
abrt-oops       0:off   1:off   2:off   3:off   4:off   5:off   6:off
(以下省略)
```

実行例 postfixの自動起動設定を表示する

```
# chkconfig --list postfix↵
postfix         0:off   1:off   2:on    3:on    4:on    5:on    6:off
```

実行例 ランレベル3と5でpostfixを自動起動させる

```
# chkconfig --level 35 postfix on↵
```

関連コマンド systemctl | service

CentOS coreutils Ubuntu coreutils Raspbian coreutils WSL coreutils

chmod ★★★

アクセス権を変更する。

書式 chmod [オプション] アクセス権 ファイル名

● 主なオプション

-R, --recursive	ディレクトリ内の全ファイルのアクセス権を再帰的に変更する

● アクセス権の指定

対象	説明
u	所有者
g	所有グループ
o	その他のユーザー
a	すべてのユーザー

● 権限の操作

操作	説明
+	権限を追加する
-	権限を削除する
=	権限を指定する

● 権限の種別

権限の種別	説明
r	読み取り許可
w	書き込み許可
x	実行許可
s	SUIDもしくはSGID
t	スティッキービット

ファイルやディレクトリのアクセス権を変更します。アクセス権は「644」のように数値で指定する方法と、現在のアクセス権に基づいて「o-rw」のように記号で指定する方法があります。

実行例 samplefile1ファイルのアクセス権を755に変更する

```
$ ls -l samplefile1
-rw-rw-r-- 1 centuser centuser 815 11月 17 23:11 samplefile1
$ chmod 755 samplefile1
$ ls -l samplefile1
-rwxr-xr-x 1 centuser centuser 815 11月 17 23:11 samplefile1
```

実行例 samplefile2ファイルにすべてのユーザーの実行権を追加する

```
$ ls -l samplefile2
-rw-rw-r-- 1 centuser centuser 815 11月 17 23:11 samplefile2
$ chmod a+x samplefile2
$ ls -l samplefile2
-rwxrwxr-x 1 centuser centuser 815 11月 17 23:11 samplefile2
```

実行例 samplefile3ファイルの所有者に実行権を追加し、その他ユーザーの読み取り権を削除する

```
$ ls -l samplefile3
-rw-rw-r-- 1 centuser centuser 815 11月 17 23:11 samplefile3
$ chmod u+x,o-r samplefile3
$ ls -l samplefile3
-rwxrw---- 1 centuser centuser 815 11月 17 23:11 samplefile3
```

関連コマンド chown

CentOS coreutils Ubuntu coreutils Raspbian coreutils WSL coreutils

chown ★★★

ファイルの所有者を変更する。

書式 chown [オプション] [所有者[:所有グループ]] ファイル名

● 主なオプション

-R, --recursive	指定したディレクトリとその中にある全ファイルの所有者を変更する

ファイルやディレクトリの所有者を変更します。所有者と所有グループを同時に変更する場合は「所有者:所有グループ」のように指定します。

実行例 testdataファイルの所有者をnorthユーザーに変更する

```
# chown north testdata↵
```

実行例 testdataファイルの所有者をnorthユーザーに、所有グループをstaffに変更する

```
# chown north:staff testdata↵
```

関連コマンド chgrp | chmod

CentOS util-linux Ubuntu passwd Raspbian passwd WSL passwd

chsh

★★☆

ログインシェルを変更する。

書式 chsh [オプション] [ユーザー]

● 主なオプション

-s シェルのパス, --shell シェルのパス	シェルのパスを指定する

ユーザーのログインシェル（ログインした時に起動するシェル）を変更します。-sオプションを指定しなかった時は、対話的に動作します。指定可能なシェルは/etc/shellsファイルに記載されます。一般ユーザーが変更できるのは、自分のログインシェルのみです。

実行例 ログインシェルを対話的に/usr/bin/fishに変更する

```
$ chsh↵
パスワード：←パスワードを入力する
Changing the login shell for centuser
Enter the new value, or press ENTER for the default
        Login Shell [/bin/bash]: /usr/bin/fish←シェルのパスを入力する
```

実行例 ログインシェルを/usr/bin/fishに変更する

```
$ chsh -s /bin/fish↵
パスワード：←パスワードを入力する
```

CentOS ncurses Ubuntu ncurses-bin Raspbian ncurses-bin WSL ncurses-bin

clear ★☆☆

端末画面をクリアする。

書式 clear

端末画面をクリアし、最初の行にプロンプトを表示します。

実行例 端末画面をクリアする

```
$ clear↵
```

関連コマンド reset

CentOS diffutils Ubuntu diffutils Raspbian diffutils WSL diffutils

cmp ★☆☆

2つのファイルを比較する。

書式 cmp ファイル名1 ファイル名2

2つのファイルを1バイトずつ比較します。ファイル名に「-」を指定すると、標準入力からのデータと比較します。比較した結果、差がなければ何も表示せず終了します。

実行例 apache2.confファイルとapache2.conf.oldファイルを比較する

```
$ cmp apache2.conf apache2.conf.old↵
apache2.conf apache2.conf.old 異なります: バイト 2707、行 69
```

関連コマンド diff

CentOS util-linux Ubuntu Raspbian WSL bsdmainutils

column ★☆☆

複数の列に分けて出力する。

書式 column [オプション] [ファイル名]

● 主なオプション

-c 幅	表示の幅を指定する
-s 文字	列を分けるための区切り文字を指定する(-tオプションと併用)
-t	列数を自動で判定して表を作成する。

入力されたデータを、複数の列に分けて表のような形式で出力します。ファイルを指定しない場合は、標準入力からのデータを処理します。

実行例 /etc/passwdファイルを表形式で表示する

```
$ column -t -s: /etc/passwd↵
root      x  0  0   root     /root      /bin/bash
daemon    x  1  1   daemon   /usr/sbin  /usr/sbin/nologin
(以下省略)
```

関連コマンド cut

CentOS coreutils Ubuntu coreutils Raspbian coreutils WSL coreutils

comm

★

ソートされた2つのファイルを行単位で比較する。

書式 comm [オプション] ファイル名1 ファイル名2

● 主なオプション

-1	ファイル1のみに含まれる行は出力しない
-2	ファイル2のみに含まれる行は出力しない
-3	両方のファイルに含まれる行は出力しない
--check-order	正しくソートされているかを確認する
--nocheck-order	正しくソートされているかを確認しない
--output-delimiter=文字列	指定した文字列で列を区切る

ソートされた2つのファイルを行単位で比較し、違いを「ファイル1にも含まれる行」「ファイル2のみに含まれる行」「両方のファイルに含まれる行」の3列に分けて出力します。

実行例 text1ファイルとtext2ファイルを比較する

```
$ cat text1↵
a
b
c
d
$ cat text2↵
b
c
d
e
$ comm text1 text2↵
a
                b
```

```
            c
            d
        e
```

関連コマンド diff | diff3

CentOS Ubuntu Raspbian WSL bash 組み込み

command

コマンドのみを実行する。

書式 command [オプション] コマンド

● 主なオプション

-v	コマンドの説明を表示する
-V	コマンドの詳細な説明を表示する

設定されているエイリアスや関数を無視し、外部コマンドや組み込みコマンドのみを実行します。例えばlsコマンドにエイリアスが設定されていたとしても、エイリアスを無効化した状態でlsコマンドを実行します。

実行例 lsコマンドの情報を表示する

```
$ command -v ls↵
alias ls='ls --color=auto'
$ command -V ls↵
ls は `ls --color=auto' のエイリアスです
```

実行例 lsコマンドそのものを実行する

```
$ command ls↵  ← カラー表示などが無効化される
```

convert

★

画像ファイルを変換する。

書式 convert [オプション] 入力ファイル名 出力ファイル名
convert [入力オプション] 入力ファイル名 [出力オプション] 出力ファイル名

●主なオプション

-resize 横ピクセルx縦ピクセル	指定したピクセルでリサイズする(縦横比は維持)
-resize 横ピクセルx	幅を指定してリサイズする(縦横比は維持)
-resize x縦ピクセル	高さを指定してリサイズする(縦横比は維持)
-resize 比率%	比率を指定してリサイズする
-quality 品質	画質を指定する(0〜100)
-strip	不要な情報を削除する
-adjoin	アニメーションGIFを作成する

画像形式を変換したり、画質を変換したり、画像のサイズを変換したりします。

実行例 JPEGファイルをPNGファイルに変換する

```
$ convert image.jpg image.png
```

実行例 できるだけ劣化させずにPNGファイルをJPEGファイルに変換する

```
$ convert image.png -quality 100 image.jpg
```

実行例 image.jpgファイルの縦横サイズを1/2サイズにする

```
$ convert -resize 50% image.jpg image_half.jpg
```

実行例 縦横比を無視して720×480ピクセルに変換する

```
$ convert -resize 720x480! tateshina.jpg tateshina.new.jpg
```

実行例 4枚の画像からアニメーションGIFファイル「anime.gif」を作成する

```
$ convert -adjoin 01.gif 02.gif 03.gif 04.gif anime.gif
```

関連コマンド magick (ImageMagickバージョン7より)

cp ★★★

ファイルをコピーする。

書式 cp [オプション] コピー元ファイル コピー先ファイル
cp [オプション] コピー元ファイル コピー先ディレクトリ

●主なオプション

オプション	説明
-r, -R, --recursive	ディレクトリを再帰的にコピーする
-p, --preserve	属性をできるだけ保ったままコピーする
-f, --force	同名のファイルが存在しても上書きする
-i, --interactive	同名のファイルがある場合は上書きする前に確認する
-n, --no-clobber	すでに存在するファイルを上書きしない
-u, --update	コピー元ファイルの方が新しいか、コピー先ファイルがない場合のみコピーする
-v, --verbose	実行中の動作を表示する
-d	シンボリックリンクをリンクのままコピーする

ファイルやディレクトリをコピーします。ディレクトリをコピーする時は-r (-R、--recursive) オプションが必要です。

実行例 file1をdir1/file2としてコピーする

```
$ cp file1 dir1/file2↵
```

実行例 file1、file2、file3をdir2ディレクトリ以下にコピーする

```
$ cp file1 file2 file3 dir2↵
```

実行例 dir2ディレクトリを/tmpディレクトリ以下にコピーする

```
$ cp -r dir2 /tmp↵
```

cpio

アーカイブを操作する。

書式
```
cpio -i [オプション] [< アーカイブファイル]
cpio -o [オプション] < ファイル > アーカイブファイル
cpio [オプション] [< アーカイブファイル]
```

● 主なモード

-i, --extract	アーカイブからファイルを取り出す（コピーインモード）
-o, --create	アーカイブを作成する（コピーアウトモード）
-p ディレクトリ, --pass-through ディレクトリ	アーカイブにせずファイルを別のディレクトリにコピーする（パススルーモード）

● 主なオプション

-A, --append	既存のアーカイブにファイルを追加する
-d, --make-directories	もし必要ならディレクトリを作成する
-r, --rename	ファイル名を対話的に変更する
-t, --list	コピーはせず、入力の内容を一覧表示する
-v, --verbose	処理されたファイル名の一覧を表示する
-O アーカイブファイル	標準出力の代わりに指定したアーカイブファイルを使用する
-I アーカイブファイル	標準入力の代わりに指定したアーカイブファイルを使用する
-L, --dereference	シンボリックリンクそのものではなくシンボリックリンクが指すファイルをコピーする

ファイルをアーカイブファイルにコピーしたり、アーカイブからファイルを取り出したりします。デフォルトではcpio形式のアーカイブになりますが、tarアーカイブも扱えます。

実行例 カレントディレクトリにあるファイルをアーカイブ/tmp/backup.cpioとしてバックアップする

```
$ ls | cpio -o > /tmp/backup.cpio⏎ ← ディレクトリ内は再帰的にコピーされない
```

実行例 カレントディレクトリ以下をアーカイブ/tmp/backup.cpioとしてバックアップする

```
$ find . | cpio -o > /tmp/backup.cpio⏎ ← ディレクトリ内も再帰的にコピーされる
```

実行例 /tmp/backup.cpioファイルに含まれているファイルを一覧表示する

```
$ cpio -t < /tmp/backup.cpio⏎
```

実行例 アーカイブ/tmp/backup.cpioをカレントディレクトリに戻す

```
$ cpio -i < /tmp/backup.cpio⏎
```

関連コマンド tar | rpm2cpio ※4

CentOS cronie Ubuntu cron Raspbian cron

crontab ★★★

定期的に実行するスケジュールを管理する。

書式 crontab [オプション]

● 主なオプション

-e	エディタを開いてcrontabファイルを編集する
-l	crontabファイルを表示する
-r	crontabファイルのエントリをすべて削除する
-i	crontabファイルを削除する時に警告する
-u ユーザー名	ユーザーを指定してcrontabファイルを編集する（rootユーザーのみ）

スケジュールの書式

書式 分 時 日 月 曜日 コマンド

● crontabファイルのフィールド

フィールド	説明
分	0〜59までの整数
時	0〜23までの整数
日	1〜31までの整数
月	1〜12までの整数、もしくはjan〜decまでの文字列
曜日	0〜7までの整数（0と7：日曜日〜6：土曜日）もしくはSun、Monといった文字列
コマンド	実行するコマンドのパス

1時間ごと、1日ごと、など定期的に実行するスケジュール（cronジョブ）を管理します。cronジョブはユーザーごとのcrontabファイル※5に登録されます。crontab -eコマンドを実行すると、エディタ（vimなど）でcrontabファイルが編集できるようになります。

ファイル例 スケジュールを登録する

```
$ crontab -e↵
```

ファイル例 自分が登録したスケジュールを表示する

```
$ crontab -l↵
```

※4 RPMパッケージはcpioアーカイブを利用しているので、rpm2cpioコマンドと組み合わせてRPMファイルの展開に使われます。

※5 ユーザーのcrontabファイルは、Ubuntu/Raspbianでは/var/spool/cron/crontabs/ユーザー名に、CentOSでは/var/spool/cron/ユーザー名にあります。

実行例 自分が登録した登録スケジュールをすべて削除する

```
$ crontab -r
```

実行例 northユーザーの登録スケジュールをすべて削除する

```
# crontab -r -u north
```

crontabファイルの例

実行例 毎日23時15分に/usr/local/bin/backupコマンドを実行する

```
15 23 * * * /usr/local/bin/backup
```

実行例 5分ごとにvmstatコマンドを実行する

```
*/5 * * * * /usr/bin/vmstat >> $HOME/vmstat.log
```

関連コマンド at

CentOS curl Ubuntu curl Raspbian curl WSL curl

curl

★★☆

指定したURLのデータをダウンロードする。

書式 curl [オプション] [URL...]

● 主なオプション

オプション	説明
-#, --progress-bar	進捗をプログレスバーで表示する
-0, --http1.0	HTTP1.0を使う（デフォルトはHTTP1.1）
--http2	HTTP 2を使う
-4, --ipv4	IPv4のみで名前解決する
-6, --ipv6	IPv6のみで名前解決する
-a, --append	FTPアップロード時にファイルを上書きするのではなく追記する
-A 文字列, --user-agent 文字列	指定した文字列をユーザーエージェントとして送信する
--anyauth	利用可能な認証を利用する
--basic	BASIC認証を利用する
--digest	ダイジェスト認証を利用する
--limit-rate 速度	転送速度の上限を指定する（単位はバイト/秒。k/K/m/M/g/Gの単位を指定できる）
-T ファイル名, --upload ファイル名	アップロードするファイルを指定する
-L, --location	リダイレクトがあればリダイレクト先の情報を取得する（短縮URL使用時など）
-s, --silent	進捗情報やエラーメッセージを表示しないようにする
-o ファイル名, --output ファイル名	標準出力ではなく指定したファイルにダウンロードしたデータを出力する

-O	ダウンロードしたファイルを標準出力ではなくローカルに保存する
-x サーバー[:ポート], --proxy サーバー[:ポート]	プロキシサーバーを指定する
-U ユーザー名[:パスワード], --proxy-user ユーザー名[:パスワード]	プロキシサーバーのユーザーとパスワードを指定する
-u ユーザー名:パスワード, --user ユーザー名:パスワード	認証に利用するユーザー名とパスワードを指定する

指定したURLのデータをサーバーからダウンロードしたり、サーバーへアップロードしたりします。利用できるプロトコルは、HTTP・HTTPSのほか、FTP・FTPS・IMAP・IMAPS・LDAP・LDAPS・POP3・POP3S・SCP・SFTP・SMB・SMBS・SMTP・SMTPS・TELNETなどをサポートしています。

実行例 指定したURLのファイルdata.tar.gzをダウンロードする

```
$ curl -O http://example.com/data.tar.gz↵
```

実行例 指定したURLの情報をindex.htmlとしてダウンロードする

```
$ curl -o index.html http://example.com/↵
```

実行例 a001.dat～a100.datまでの連番ファイルをダウンロードする

```
$ curl -O ftp://ftp.example.com/a[001-100].dat↵
```

実行例 プロキシサーバー192.168.0.20経由でアクセスする

```
$ curl -O -x 192.168.0.20:8080 --proxy-user north:p@ssW0rd http://example.
com/index.html↵
```

関連コマンド wget

CentOS coreutils　Ubuntu coreutils　Raspbian coreutils　WSL coreutils

cut ★★

ファイルの各行から指定したフィールドを抜き出す。

書式 cut [オプション] [ファイル名]

● 主なオプション

-b 範囲, --bytes=範囲	取り出すバイト位置を指定する
-c 範囲, --characters=範囲	取り出す文字位置を指定する
-d 文字, --delimiter=文字	区切り文字（デリミタ）を指定する（デフォルトはTab）
-f フィールド, --fields=フィールド	取り出すフィールドを指定する

●範囲の表現

N	N番目のバイト（または文字、またはフィールド）
N-	N番目のバイト（文字）から行末まで
N-M	N番目からM番目までのバイト（または文字、またはフィールド）
-M	行頭からM番目までのバイト（または文字、またはフィールド）

ファイルの各行から、区切り文字（デリミタ）で区切られた任意のフィールドだけを抜き出して出力します。

実行例 /etc/passwdファイルの各行から6番目のフィールド（シェル）だけを抜き出して表示する

```
$ cut -d: -f 6 /etc/passwd↵
（省略）
/home/centuser
/home/myuser
/home/penguin
```

CentOS coreutils Ubuntu coreutils Raspbian coreutils WSL coreutils

date

日時を表示・設定する。

書式
```
date [オプション] [+フォーマット]
date [-u] [MMDDHHmm[[CC]YY].ss]]
```

●主なオプション

-u, --utc, --universal	協定世界時（UTC）を使う（日本の標準時より9時間引く）
-s, --set	日時を指定する
+フォーマット	指定したフォーマットで表示する

●日時を表す書式

書式	説明
MM	月（01～12）
DD	日（01～31）
HH	時（00～23）
mm	分（00～59）
CC	西暦の上2桁
YY	西暦の下2桁
ss	秒（00～61）

●主なフォーマット

書式	説明
%Y	西暦
%m	月（01～12）
%d	日（01～31）
%H	時（00～23）
%M	分（00～59）
%S	秒（00～60）
%A	曜日（Monday、月曜日...など）
%a	曜日の省略名（Mon、月...など）
%B	月名（January、1月...など）
%b	月名の省略名（Jan、1月...など）
%c	日付と時刻（Thu Dec 14 20:07:19 2017　など）
%j	年の開始からの日数

現在の日時を表示したり、日時を設定したりします。コマンドのみ実行すると、現在の日時が表示されます。日時の設定には管理者権限が必要です。

実行例 現在の日時を表示する

```
$ date
2017年 11月 19日 日曜日 22:40:53 JST
```

実行例 現在の日時を指定した形式で表示する

```
$ date +"%Y/%m/%d %I:%M:%S"
2017/11/19 10:42:40
```

実行例 日時を2017年11月20日6時10分00秒に合わせる

```
# date -s "2017/11/20 6:10:00"
```

関連コマンド ntpdate | hwclock

CentOS coreutils Ubuntu coreutils Raspbian coreutils WSL coreutils

dd ★★

ファイルを変換してコピーする。

書式 dd [オプション]

● 主なオプション

if=入力ファイル	入力側ファイルを指定する（デフォルトは標準入力）
of=出力ファイル	出力側ファイルを指定する（デフォルトは標準出力）
bs=バイト数	1回に読み書きするブロックサイズを指定する（デフォルトは512バイト）
count=回数	回数分の入力ブロックをコピーする

ファイルをブロック単位でコピーします。実際にはファイル変換のために使われることはあまりなく、直接ディスクに書き込んだり、任意のサイズのファイルを作成したり、ディスクを丸ごとコピーしたりする際に使われます。

実行例 サイズが5MiB（1Mib × 5）※1のファイルtempfileを作成する※2

```
$ dd if=/dev/zero of=tempfile bs=1M count=5
```

実行例 ディスク/dev/sdbの内容を/dev/sdcに丸ごとコピーする

```
# dd if=/dev/sdb of=/dev/sdc
```

実行例 ISOイメージファイルをUSBメモリに書き込む

```
$ dd if=/tmp/image.iso of=/dev/sdb bs=512k
```

実行例 DVD-ROMの内容をISOイメージファイルとして書き込む

```
$ dd if=/dev/dvdrom of=/tmp/dvdrom.iso
```

※1 1024の累乗の場合はK、M、Gといった単位で、1000の累乗の場合はKB、MB、GBといった単位で指定します。

※2 /dev/zeroはゼロデータ（特殊文字 \0）を出力し続ける特殊ファイルです。

CentOS adduser Raspbian adduser WSL adduser

deluser

★★

ユーザーを削除する。

書式 deluser [オプション] ユーザー名

● 主なオプション

--remove-home	ホームディレクトリも削除する
--remove-all-file	ホームディレクトリとメールスプールも削除する
--backup	ユーザー名.tarでバックアップを作成する

指定したユーザーを削除します。デフォルトではホームディレクトリやメールスプールはそのまま残されます。

実行例 penguinユーザーを削除する

```
# deluser penguin↵
```

関連コマンド adduser | userdel

CentOS coreutils Ubuntu coreutils Raspbian coreutils WSL coreutils

df

★★★

ファイルシステムの使用状況を表示する。

書式 df [オプション] [ファイル名/ディレクトリ名]

● 主なオプション

-a, --all	すべてのファイルシステムを表示する
-B サイズ, --block-size サイズ	ブロックサイズを指定する
--total	合計を表示する
-h, --human-readable	読みやすい単位で表示する（2の累乗を使用）
-H, --si	SI系単位で表示する（10の累乗を使用）
-i, --inode	サイズではなくiノード単位で表示する
-k	Kバイト単位で表示する
-l, --local	ローカルファイルシステムに限定する
-P, --portability	POSIXフォーマットで表示する
-t タイプ, --type タイプ	指定したタイプのファイルシステムのみ対象とする
-T, --print-type	ファイルシステムのタイプを表示する

ファイルシステムの使用状況（サイズ、使用済みサイズ、利用可能サイズ、利用率、マウントポイント）を表示します（Disk Free）。デフォルトは1Kブロック単位です。ファイルやディレクトリを指定すると、そのファイルやディレクトリが存在するファイルシステ

ムの状況のみを表示します。-hまたは-Hオプションを使うと読みやすい単位（M、G、Tなど）で表示されます。

実行例 適宜読みやすい単位で、ファイルシステムタイプとともにファイルシステムの使用状況を表示する

```
$ df -hT
Filesystem     Type   Size  Used Avail Use% Mounted on
/dev/vda3      ext4    97G   47G   46G  51% /
tmpfs          tmpfs  499M     0  499M   0% /dev/shm
/dev/vda1      ext4   239M  158M   68M  71% /boot
```

実行例 iノードの使用状況を表示する

```
$ df -i
Filesystem      Inodes  IUsed   IFree IUse% Mounted on
/dev/vda3      6414336 284017 6130319    5% /
tmpfs           127491      1  127490    1% /dev/shm
/dev/vda1        64000     63   63937    1% /boot
```

関連コマンド mount

CentOS diffutils Ubuntu diffutils Raspbian diffutils WSL diffutils

diff ★★★

2つのファイルの違いを出力する。

書式 diff [オプション] 旧ファイル 新ファイル

● 主なオプション

オプション	説明
-行数	異なっている部分の前後を表示する行数を指定する（-c/-uオプションと併用）
-b, --ignore-space-change	スペースの数だけが違う場合は無視する
-i, --ignore-case	大文字と小文字の違いを無視する
-c, --context	context形式で出力する（!：変更された行）
-u, --unified	unified形式で出力する（+：追加された行、-：削除された行）

2つのファイルを比較し、それらの違いを出力します。ファイルの代わりにディレクトリを指定した場合は、その中のファイルを順に比較します※3。2つのファイルに違いがない場合は何も出力されません。

※3 パッチファイルはdiffコマンドを使って作成されます。

実行例 apache2.confi.orgファイルとapache2.confファイルを比較する

```
$ diff apache2.conf.org apache2.conf↵
69c69                                  ← 69行目が異なる
< #ServerRoot "/etc/apache2"          ← 旧ファイルの内容
---
> ServerRoot "/etc/apache2"           ← 新ファイルの内容
```

関連コマンド patch | cmp

CentOS diffutils　Ubuntu diffutils　Raspbian diffutils　WSL diffutils

diff3

★☆☆

3つのファイルの違いを出力する。

書式 diff3 ファイル1 ファイル2 ファイル3

diffコマンドは2つのファイルを比較しますが、diff3コマンドは3つのファイルで違いを見つけて出力します。

実行例 sample.oldファイル、sample.curファイル、sample.newファイルを比較する

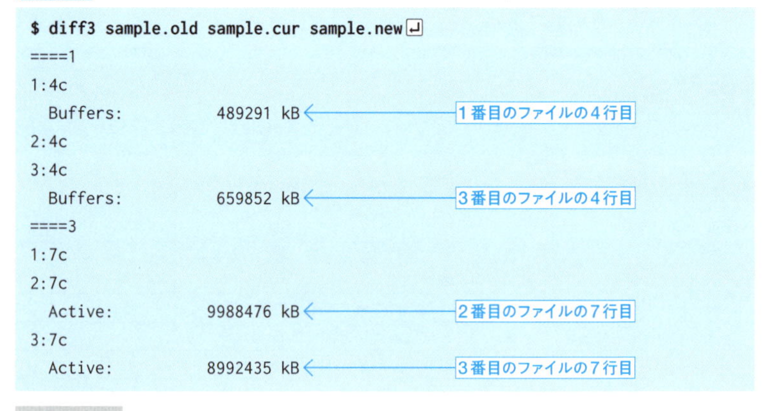

```
$ diff3 sample.old sample.cur sample.new↵
====1
1:4c
  Buffers:          489291 kB    ← 1番目のファイルの4行目
2:4c
3:4c
  Buffers:          659852 kB    ← 3番目のファイルの4行目
====3
1:7c
2:7c
  Active:          9988476 kB    ← 2番目のファイルの7行目
3:7c
  Active:          8992435 kB    ← 3番目のファイルの7行目
```

関連コマンド diff

CentOS bind-utils Ubuntu dnsutils Raspbian dnsutils WSL dnsutils

dig

DNSサーバーに問い合わせて名前解決を行う。

書式 dig [オプション] [@DNSサーバー] ホスト名/IPアドレス/ドメイン名 [検索タイプ]

● 引数

@DNSサーバー	問い合わせ先のDNSサーバーを指定する(デフォルトは/etc/resolv.confに記載されたホスト)
ホスト名/ドメイン名	問い合わせたいホスト名やドメイン名を指定する
IPアドレス	問い合わせたいIPアドレスを指定する(-xオプションが必要)
検索タイプ	検索タイプ(DNS問い合わせタイプ、クエリタイプ)を指定する(デフォルトは"a")

-x	逆引きで問い合わせる
-p ポート	ポート番号を指定する
-f ファイル	指定したファイルに記述された問い合わせを処理する
+short	簡潔に表示する

● 主な検索タイプ

検索タイプ	説明
a	Aレコード(IPv4アドレス)(デフォルト)
aaaa	AAAAレコード(IPv6アドレス)
any	指定されたドメインのすべての情報
ns	NSレコード(ネームサーバー)
soa	SOAレコード(ゾーンの権威情報)
mx	MXレコード(メールサーバー)
txt	TXTレコード(任意の文字列)
axfr	ゾーン転送情報

指定したDNSサーバーに問い合わせて名前解決を行います。名前解決とは、ホスト名からIPアドレスに変換したり(正引き)、IPアドレスからホスト名に変換したり(逆引き)することです。digコマンドの出力は、4つのセクションに分かれます。回答はANSWERセクションに表示されます。

実行例 www.seshop.comのIPアドレスを問い合わせる

```
$ dig www.seshop.com↵

; <<>> DiG 9.10.3-P4-Ubuntu <<>> www.seshop.com
;; global options: +cmd
;; Got answer:
;; ->>HEADER<<- opcode: QUERY, status: NOERROR, id: 38412
```

```
;; flags: qr rd ra; QUERY: 1, ANSWER: 1, AUTHORITY: 2, ADDITIONAL: 5

;; OPT PSEUDOSECTION:
; EDNS: version: 0, flags:; udp: 1280
;; QUESTION SECTION: ←QUESTIONセクションに問い合わせ内容が表示される
;www.seshop.com.                 IN      A

;; ANSWER SECTION: ←ANSWERセクションに回答が表示される
www.seshop.com.         21783   IN      A       114.31.94.148

;; AUTHORITY SECTION: ←AUTHORITYセクションには権威サーバーの情報が表示される
seshop.com.             21783   IN      NS      dns-b.iij.ad.jp.
seshop.com.             21783   IN      NS      dns-c.iij.ad.jp.

;; ADDITIONAL SECTION: ←ADDITIONALセクションには付帯情報が表示される
dns-b.iij.ad.jp.        18874   IN      A       202.232.2.14
dns-b.iij.ad.jp.        18936   IN      AAAA    2001:240:bb81::2:14
dns-c.iij.ad.jp.        18874   IN      A       210.130.1.15
dns-c.iij.ad.jp.        18936   IN      AAAA    2001:240:bb81::2:15

;; Query time: 3037 msec
;; SERVER: 192.168.1.1#53(192.168.1.1)
;; WHEN: Tue Nov 28 23:45:27 JST 2017
;; MSG SIZE  rcvd: 196
```

実行例 www.seshop.comのIPアドレスを問い合わせ、簡潔に表示する

```
$ dig +short www.seshop.com↵
114.31.94.148
```

実行例 114.31.94.148に対応するホスト名を調べる

```
$ dig -x 114.31.94.148↵
```

実行例 shoeisha.co.jpのメールサーバーを調べる

```
$ dig mx shoeisha.co.jp↵
```

関連コマンド host

CentOS coreutils Ubuntu coreutils Raspbian coreutils WSL coreutils

dirname

ファイル名の最後の要素を削除する。

書式 dirname パス名

パスの最後の「/」以降を削除して表示します。ファイル名のみを指定した場合は、カレントディレクトリを示す「.」が表示されます。

実行例 パス /usr/bin/dirnameのディレクトリ部分を表示する

```
$ dirname /usr/bin/dirname
/usr/bin
```

関連コマンド basename

CentOS util-linux Ubuntu util-linux Raspbian util-linux WSL util-linux

dmesg

★★

カーネルのログ（リングバッファ）を表示する。

書式 dmesg ［オプション］

●主なオプション

-C, --clear	リングバッファを消去する
-c, --read-clear	リングバッファを表示した後で消去する
-e, --reltime	時刻も表示する
-k, --kernel	カーネルメッセージだけを表示する
-l レベル, --level レベル	出力するログのレベルを","区切りで指定する（emerg/alert/crit/err/warn/notice/info/debug）※指定したレベルのログのみ出力される
-s サイズ, --buffer-size サイズ	バッファサイズを指定する（デフォルトは16,392バイト）
-w, --follow	最新のメッセージを表示し続ける（Ctrl ＋ C で終了）
-x, --decode	リングバッファのファシリティとレベルを表示する

カーネルのリングバッファを表示※4します。システム起動時のメッセージを確認するためによく使われます。リングバッファはカーネルメッセージが書き込まれる所で、バッファがいっぱいになると古いものから削除されていきます。そのため、システム起動から時間が経過したシステムでは、システム起動時のメッセージは消えてしまっている場合もあります。

※4 dmesgはDisplay MESsaGesからきています。

実行例 USB関連のログメッセージを表示する

```
$ dmesg | grep usb
```


CentOS dmidecode　Ubuntu dmidecode　Raspbian dmidecode

dmidecode ★☆☆

システムのハードウェア情報を出力する。

書式 dmidecode [オプション]

●主なオプション

-t タイプ, --type タイプ	指定したタイプのみ出力する

●主なDMIタイプ

数値	タイプ
0	BIOS
1	System
2	Baseboard
3	Chassis
4	Processor
5	Memory Controller
6	Memory Module
7	Cache
8	Port Connector
9	System Slots
10	On Board Devices

DMI (Desktop Management Interface) ※5の持つハードウェア情報を出力します。システムのハードウェア情報について詳細な情報を得たい場合に使います。

実行例 CPUの情報を表示する

```
# dmidecode -t processor
```

※5　DMIはSMBIOS (Software Management BIOS) とも呼ばれます。

dpkg

★★★

Debianパッケージを管理する。

書式 dpkg [オプション] アクション

● 主なオプション

-E, --skip-same-version	すでに同バージョンがインストールされていればインストールしない
-G, --refuse-downgrade	すでに新バージョンがインストールされていればインストールしない
-R, --recursive	ディレクトリ内を再帰的に処理する

● 主なアクション

-i パッケージファイル名, --install パッケージファイル名	パッケージをインストールする
-r パッケージ名, --remove パッケージ名	設定ファイルを残してパッケージを削除する
-P パッケージ名, --purge パッケージ名	設定ファイルも含めて完全にパッケージを削除する
-l 検索パターン, --list 検索パターン	インストール済みパッケージを検索して表示する
-S ファイル名検索パターン, --search ファイル名検索パターン	指定したファイルがどのパッケージからインストールされたかを表示する（ワイルドカード利用可能）
-L パッケージ名, --listfiles パッケージ名	指定パッケージからインストールされたファイルを一覧表示する
-s パッケージ名, --status パッケージ名	パッケージの情報を表示する
--configure パッケージ名	展開されたパッケージを構成する
--unpack パッケージ名	パッケージを展開する（インストールはしない）

Debian GNU/LinuxやUbuntuなどのDebian系ディストリビューションで使われるDebian形式パッケージを操作し、パッケージのインストールや削除を行います。aptコマンドのように、自動的に依存関係を解消したり、リポジトリからパッケージファイルをダウンロードしたりしません。通常はaptコマンドを利用すればよいでしょう。

実行例 apache2パッケージをインストールする

```
# dpkg -i ↵
```

実行例 apache2パッケージを完全に削除する

```
# dpkg --purge apache2↵
```

実行例 dpkgコマンドが何というパッケージからインストールされたか調べる

```
$ dpkg -S `which dpkg`↵
```

↑ バッククォート内は「/usr/bin/dpkg」のように展開される

実行例 インストール済みの全パッケージを一覧表示する

```
$ dpkg -l
```

実行例 bashパッケージからインストールされたファイルを表示する

```
$ dpkg -L bash
```

関連コマンド apt | apt-get | apt-cache | dpkg-reconfigure

CentOS dracut Ubuntu dracut Raspbian dracut

dracut

★

初期RAMディスクを作成する。

書式 dracut [オプション] [イメージファイル名 [カーネルバージョン]]

● 主なオプション

--force	すでに初期RAMディスクファイルがあれば強制的に上書きする
--list-modules	利用可能なモジュールを表示する
-k ディレクトリ, --kmoddir ディレクトリ	カーネルドライバを検索するディレクトリを指定する

初期RAMディスクを作成します。初期RAMディスクとは、システム起動時に使われる暫定的なルートファイルシステムで、カーネルを読み込むのに必要なデバイスドライバ等が含まれます。オプションなしでdracutコマンドを実行すると、最新のカーネル用の初期RAMディスクファイルが/bootディレクトリ以下に作成されます。初期RAMディスクファイル名は「initramfs-カーネルバージョン.img」です。

実行例 カレントディレクトリに初期RAMディスクinitramfs.imgを作成する

```
# dracut initramfs.img
```

実行例 カーネルバージョンを指定して初期RAMディスクinitramfs-4.4.0-101.imgを作成する

```
# dracut initramfs-4.4.0-101.img 4.4.0-101
```

関連コマンド mkinitrd | lsinitrd

du ★★★

ディレクトリ内のファイル使用量を表示する。

書式 du [オプション] [ファイル名/ディレクトリ名]

● 主なオプション

オプション	説明
-a, --all	ディレクトリだけではなくファイルについても容量を表示する
-c, --total	すべての使用量の合計を表示する
-d N, --max-depth=N	指定したディレクトリからN階層以内のサブディレクトリまでの合計を表示する
-h, --human-readable	人が読みやすい単位でサイズを表示する（1024の累乗）
-k, --block-size=数値	Kバイト単位で表示する
-m, --block-size=数値	Mバイト単位で表示する
-s, --summarize	指定したファイルやディレクトリの合計使用量のみを表示する
-S, --separate-dirs	サブディレクトリを含めずに集計する
--si	人が読みやすい単位でサイズを表示する（1000の累乗）

ディレクトリやファイルの使用量を表示します。オプションを付けずに実行した場合は、各ディレクトリの使用量を表示し、最後に合計を表示します。デフォルトの単位はKバイトです。

実行例 カレントディレクトリ内のファイルやサブディレクトリの使用量を読みやすい単位で表示する

```
$ du -ah . ↵
12K     ./file2
12K     ./data/file3
16K     ./data
12K     ./file1
44K     .
```

実行例 dataディレクトリの使用量のみを表示する

```
$ du -s data ↵
16      data
```

実行例 ホームディレクトリ内の各ディレクトリの使用量とその合計を表示する

```
$ du -c ~ ↵
16      /home/north/dutest/data
44      /home/north/dutest
16      /home/north/temp/hello
52      /home/north/temp
4       /home/north/testdir/temp
```

```
5148    /home/north/testdir
5280    /home/north
5280    合計
```

関連コマンド　ls

CentOS dump　Ubuntu dump　Raspbian dump

dump

ext2/ext3/ext4ファイルシステムをバックアップする。

書式　dump オプション バックアップ対象

● 主なオプション

0～9	dumpレベルを指定する（0は完全バックアップ）
u	バックアップ実施時に/etc/dumpdatesファイルを更新する
f デバイス名	バックアップ装置のデバイスを指定する

ファイルシステム単位でバックアップします。0～9の数値でdumpレベルを指定すると、増分バックアップができます。例えば、レベル1でdumpを行い、その後レベル2のdumpを行うと、レベル1のdump実施後に作成・更新されたファイルだけがバックアップされます。増分バックアップをするなら、uオプションを指定して/etc/dumpdatesファイルファイルにバックアップの記録を残しておく必要があります。dumpコマンドのオプションは「-」を指定する必要がありません。

実行例　/homeの内容を/dev/sdb2にバックアップする

```
# dump 0uf /dev/sdb1 /home↵
```

関連コマンド　restore

CentOS Ubuntu Raspbian WSL bash組み込み

echo ★★★

文字列や変数を表示する。

書式 echo [オプション] [文字列]

● 主なオプション

-n	最後に改行しない
-e	バックスラッシュによるエスケープ文字を解釈する
-E	バックスラッシュによるエスケープ文字を解釈しない（デフォルト）

● 主なエスケープ文字

エスケープ文字	説明
\\	バックスラッシュ
\b	バックスペース
\c	以降は出力しない
\n	改行
\t	水平タブ
\v	垂直タブ

引数に指定された文字列を出力し、最後に改行を出力します。文字列や変数の内容を表示するのに使われます。シェル組み込みコマンドと、coreutilsパッケージに含まれる外部コマンド（/bin/echo）があり、通常はシェル組み込みコマンドが優先的に実行されます※1

実行例 変数LANGの値を表示する

```
$ echo $LANG↵
```

実行例 ファイルfile1に文字列を追記する

```
$ echo "Linux Command" >> file1↵
```

※1 シェルによっては、組み込みechoと/bin/echoの挙動が異なる場合があります。

CentOS quota Ubuntu quota Raspbian quota

edquota

クォータの設定を編集する。

書式 edquota [-p ユーザー名] [オプション] ユーザー名
edquota -t

● 主なオプション

-u, --user	ユーザーのクォータを設定する（デフォルト）
-g, --group	グループのクォータを設定する
-p ユーザー名, --prototype=ユーザー名	指定したユーザーのクォータ設定をコピーする
-t, --edit-period	ファイルシステムごとに猶予期間（ソフトリミット）を設定する

ユーザークォータもしくはグループクォータを設定します。コマンドを実行すると、vimやnanoなどのエディタが起動し、設定を編集できる状態になります。

実行例 northユーザーのクォータを設定する

```
# edquota north
```

実行例 penguinユーザーのクォータ設定をnorthユーザーの設定としてコピーする

```
# edquota -p penguin north
```

関連コマンド quota | quotacheck | quotaon | quotaoff

CentOS eject Ubuntu eject Raspbian eject

eject

DVD-ROMなどのリムーバブルメディアをイジェクトする。

書式 eject [オプション] [デバイスファイル名/マウントポイント]

● 主なオプション

-d, --default	デフォルトのデバイス名を表示する
-t, --trayclose	トレイを収納する
-T, --traytoggle	トレイが開いている場合は収納し、閉じている場合はオープンする

DVD-ROMなどのメディアが入ったドライブのトレイをイジェクト（排出）します。メディアがマウント中であればアンマウントを行います。

実行例 デフォルトのデバイスを表示する

```
# eject -d↵
```

実行例 デフォルトのデバイスをイジェクトする

```
# eject↵
```

実行例 /dev/dvdromをイジェクトする

```
# eject /dev/dvdrom↵
```


CentOS coreutils Ubuntu coreutils Raspbian coreutils WSL coreutils

env

★★

環境変数を設定・表示する。

書 式 env [変数名=値] [コマンド]

コマンドのみを実行すると、環境変数の一覧が表示されます（printenvと同じ）。変数と値、コマンドを指定して実行すると、変数に設定された環境でコマンドが実行されます。

実行例 LANG変数の値をCにしてからmanコマンドを実行する

```
$ env LANG=C man ls↵
```

← 英語環境でlsコマンドのマニュアルが表示される

実行例 環境変数の一覧を表示する

```
$ env↵
```

関連コマンド set | printenv

CentOS Ubuntu Raspbian WSL bash組み込み

exec

指定されたコマンドでシェルを置き換える。

書 式 exec コマンド名

指定したコマンドを起動し、シェルのプロセスをそのコマンドのプロセスで置き換えます。

実行例 現在のシェルをbashで置き換える

```
$ exec /bin/bash↵
```

← bashの初期化ファイルを編集した後などで、その設定変更を反映させたbashに置き換える

CentOS Ubuntu Raspbian WSL bash組み込み

exit ★★

シェルを終了する。

書式 exec

シェルを終了します。ログインシェルの場合はログアウトします。

関連コマンド logout

CentOS coreutils Ubuntu coreutils Raspbian coreutils WSL coreutils

expand ★

タブをスペースに変換する。

書式 expand [オプション] [ファイル名]

● 主なオプション

オプション	説明
-i, --initial	空白文字以外の文字の後にあるタブは変換しない
-t 文字数, --tabs=文字数	タブの文字数を指定する（デフォルトは8文字）

指定したファイル内のタブをスペースに変換し、標準出力に出力します。ファイル名を指定しなかった場合は、標準入力からのデータを処理します。

実行例 sampleファイル内のタブをスペースに変換し、sample_spcファイルに保存する

```
$ expand sample > sample_spc↵
```

関連コマンド unexpand

export ★★★

環境変数として変数を定義する。

書式 export [オプション] 変数名[=値]

● 主なオプション

-n	環境変数をシェル変数に戻す
-p	エクスポートされたすべての変数・関数を表示する

指定した変数を環境変数とします（エクスポート）。環境変数は、定義されたシェルと、そのシェルから起動されたシェルやプログラムで有効です。

実行例 変数varを環境変数にする

```
$ export var↵
```

実行例 環境変数varの内容を「Linux」として設定する

```
$ export var="Linux"↵
```

関連コマンド env

CentOS coreutils Ubuntu coreutils Raspbian coreutils WSL coreutils

expr ★

式を評価する。

書式 expr 式

● 主な式

式	説明
引数1 + 引数2	引数1と引数2を足す
引数1 - 引数2	引数1から引数2を引く
引数1 * 引数2	引数1と引数2をかける
引数1 / 引数2	引数1を引数2で割る
引数1 % 引数2	引数1を引数2で割った余り
引数1 | 引数2	引数1がnullでも0でもなければ引数1、それ以外は引数2を返す（OR）
引数1 & 引数2	引数1引数2ともにnullでも0でもなければ引数1、それ以外は引数2を返す（AND）
引数1 < 引数2	引数1が引数2より小さければ1、それ以外は0を返す
引数1 <= 引数2	引数1が引数2以下であれば1、それ以外は0を返す
引数1 = 引数2	引数1と引数2が等しければ1、それ以外は0を返す
引数1 != 引数2	引数1と引数2が等しくなければ1、それ以外は0を返す

引数1 >= 引数2	引数1が引数2以上であれば1、それ以外は0を返す
引数1 > 引数2	引数1が引数2より大きければ1、それ以外は0を返す
文字列 : 正規表現	文字列と正規表現を比較して一致した文字数を返す
substr 文字列 P L	文字列のP文字目からL文字分を返す
index 文字列 文字	文字列から指定した文字が見つかった箇所（何文字目）を返す（見つからなければ0）
length 文字列	文字列の長さを返す

引数に指定された式を評価します。式を評価するとは、数式を計算して結果を出したり、数値の大小を比較したり、文字列を正規表現と比較したりすることです。「変数名=$(expr 式)」とすれば、計算結果を変数に代入できます。

実行例 1+2+3を計算する

```
$ expr 1 + 2 + 3↵  ← 演算記号の前後にはスペースを入れる
6
```

実行例 24 × 365を計算する

```
$ expr 24 \* 365↵  ← シェル上で「*」は特殊文字とみなされるので直前の「\」で打ち消す
8760
```

実行例 数値の大小を比較する

```
$ expr 3 \<= 2
0
```

実行例 計算結果を変数varに代入する

```
$ var=$(expr 128 + 256)↵  ← $()内のコマンドは実行結果に置き換わる
$ echo $var↵
384
```

CentOS util-linux Ubuntu util-linux Raspbian util-linux WSL util-linux

fallocate

サイズを確保してファイルを作成する。

書式 fallocate [オプション] ファイル名

● 主なオプション

-l サイズ, --length サイズ	ファイルサイズを指定する

ファイルサイズを指定してファイルを作成できます。一定サイズのダミーファイルが必要な時に便利です※1。ファイルサイズはバイト数で指定します。単位はk/m/gまたはkib/mib/gib（1024単位）、あるいはkb/mb/gb（1000単位）が使えます（大文字でも小文字でも可）。

実行例 50MiBと50MBのファイルを作成する

```
$ fallocate -l 50m testfile_50m⏎  ← 50MiBのファイルを作成する
$ fallocate -l 50mb testfile_50mb⏎  ← 50MBのファイルを作成する
$ ls -l testfile*⏎
-rw-rw-r-- 1 north north 52428800 12月 30 01:10 testfile_50m
-rw-rw-r-- 1 north north 50000000 12月 30 01:10 testfile_50mb
```

関連コマンド dd

CentOS util-linux Ubuntu util-linux Raspbian util-linux

fdisk

パーティションを管理する。

書式 fdisk [オプション] [デバイスファイル名]

● 主なオプション

-l	パーティションテーブルを表示する
-s	指定したパーティションのパーティションサイズをブロック単位で表示する

● 主な内部コマンド

a	ブート可能フラグを付ける
d	パーティションを削除する
l	パーティションタイプの一覧を表示する

※1 ddコマンドでも作成できますが、fallocateコマンドの方が高速です。

m	ヘルプメニューを表示する
n	パーティションを作成する
p	パーティションテーブルを表示する
q	変更を保存せずに終了する
t	パーティションタイプを変更する
w	変更を保存して終了する

パーティションを対話的に作成したり削除したりします。2Tバイトを越えるパーティションでは、partedコマンドやgdiskコマンドを使うとよいでしょう[※2]。

実行例 パーティションテーブルを表示する

```
# fdisk -l /dev/sda

Disk /dev/sda: 34.4 GB, 34359738368 bytes, 67108864 sectors
Units = sectors of 1 * 512 = 512 bytes
Sector size (logical/physical): 512 bytes / 512 bytes
I/O サイズ (最小 / 推奨): 512 バイト / 512 バイト
Disk label type: dos
ディスク識別子 : 0x000b3361

デバイス ブート      始点        終点     ブロック   Id  システム
/dev/sda1   *        2048     2099199     1048576   83  Linux
/dev/sda2         2099200     6295551     2098176   82  Linux swap / Solaris
/dev/sda3         6295552    27267071    10485760   83  Linux
```

実行例 /dev/sdbにパーティションを作成する

```
# fdisk /dev/sdb
Welcome to fdisk (util-linux 2.23.2).

Changes will remain in memory only, until you decide to write them.
Be careful before using the write command.

コマンド (m でヘルプ): n   ← 新しいパーティションを作成する
Partition type:
   p   primary (0 primary, 0 extended, 4 free)
   e   extended
Select (default p): p   ← プライマリパーティションを選択する
パーティション番号 (1-4, default 1): 1   ← パーティション番号は1
```

※2 パーティション情報が保存されるパーティションテーブルには、従来から使われているMBR（Master Boot Record）方式と、2Tバイト以上のディスクに対応したGPT（GUID Partition Table）方式があります。fdiskコマンドはGPT方式には対応していませんので、その場合はpartedコマンドやgdiskコマンドを使います。

```
最初 sector (2048-16777215, 初期値 2048):↵ ←開始位置はデフォルト(Enter)
初期値 2048 を使います
Last sector, +sectors or +size{K,M,G} (2048-16777215, 初期値 16777215): +1G↵
Partition 1 of type Linux and of size 1 GiB is set
                                                        ↑サイズは1Gバイト

コマンド (m でヘルプ): p↵ ←パーティションテーブルを表示する

Disk /dev/sdb: 8589 MB, 8589934592 bytes, 16777216 sectors
Units = sectors of 1 * 512 = 512 bytes
Sector size (logical/physical): 512 bytes / 512 bytes
I/O サイズ (最小 / 推奨): 512 バイト / 512 バイト
Disk label type: dos
ディスク識別子: 0x000793b7

デバイス ブート      始点       終点     ブロック   Id  システム
/dev/sdb1            2048    2099199    1048576   83  Linux

コマンド (m でヘルプ): w↵ ←パーティションテーブルの変更を書き込んで終了する
パーティションテーブルは変更されました!

ioctl() を呼び出してパーティションテーブルを再読込みします。
ディスクを同期しています。
```

関連コマンド parted | gdisk

CentOS Ubuntu Raspbian WSL bash組み込み

fg

★★☆

指定したジョブをフォアグラウンドで実行する。

書式 fg [ジョブ番号]

Ctrl+Z キーなどによって一時停止(サスペンド)中のジョブをフォアグラウンドで再開します。ジョブ番号はjobsコマンドで確認できます。ジョブ番号を省略した時は、直前のジョブ(jobsコマンドで「+」マークが付けられたもの)がフォアグラウンドで実行されます。

実行例 tailコマンドを一時停止しフォアグラウンドで再開する

```
$ tail -f /var/log/syslog
[1]+  停止          tail -f /var/log/syslog   ← Ctrl + Z で一時停止する
$ jobs
[1]+  停止          tail -f /var/log/syslog   ← ジョブ番号を確認する
$ fg 1   ← フォアグラウンドで再開する
```

関連コマンド bg | jobs

CentOS file Ubuntu file Raspbian file WSL file

file ★★★

ファイルの種類を表示する。

書式 file [オプション] ファイル名

● 主なオプション

オプション	説明
-b, --brief	最初にファイル名を表示しない
-f ファイル名, --files-from ファイル名	検査するファイル名のリスト（1行1ファイル）を指定したファイルから読み込む
-i, --mime	MIME形式で表示する（例：text/plain; charset=us-ascii）
-z, --uncompress	圧縮ファイル内も検査する

ファイルを検査し、ファイルの種類を表示します。

実行例 /etc/servicesファイルの種類を表示する

```
$ file /etc/services
/etc/services: ASCII text   ← ASCIIテキスト形式
```

実行例 /etc/servicesファイルの種類をMIMEタイプで表示する

```
$ file -i /etc/services
/etc/services: text/plain; charset=us-ascii
```

関連コマンド type

find ★★★

ファイルを検索する。

書式 find [オプション] [検索ディレクトリ] [検索式]

● 主なオプション

-maxdepth LEVEL	指定したディレクトリから最大LEVEL階層下のディレクトリまで検索する(1なら指定したディレクトリ直下のみ検索)
-mindepth LEVEL	指定したディレクトリから少なくともLEVEL階層下から検索する(1なら指定したディレクトリの下にあるサブディレクトリ以下から検索)

● 主な検索式

-name ファイル名	ファイル名で検索する
-mtime 日数	最終更新日時で検索する
-perm モード	パーミッションで検索する
-perm -モード	指定された許可ビットがすべて有効であるファイルを検索する
-perm +モード	指定された許可ビットのいずれかが有効であるファイルを検索する
-size サイズ	ファイルサイズで検索する(c:バイト、k:Kバイト、m:Mバイト、デフォルトはブロック)
-regex パターン	ファイル名を正規表現で指定する
-type タイプ	ファイルタイプを指定して検索する(f:ファイル、d:ディレクトリ、l:シンボリックリンク)
-user ユーザー名	指定したユーザーが所有者のファイルを検索する
-uid UID	指定したUIDのユーザーが所有者のファイルを検索する
-group グループ名	指定したグループが所有グループのファイルを検索する
-gid GID	指定したGIDのグループが所有グループのファイルを検索する
-exec コマンド \;	検索結果に対してコマンドを実行する
-ok コマンド \;	検索結果に対して確認しながらコマンドを実行する
-ls	検索結果に対してls -lコマンドのように表示する
-and	検索式をANDでつなぐ(デフォルト)
-or	検索式をORでつなぐ

指定したディレクトリから条件にマッチしたファイルやディレクトリを検索し、ファイル名を表示します。指定したディレクトリ直下だけではなく、サブディレクトリ内も再帰的に検索します。検索ディレクトリを省略すると、カレントディレクトリを起点として検索します。

実行例 /dataディレクトリ以下にある「cent」で始まる名前のファイルを検索する

```
$ find /data -name "cent*"
```

実行例 カレントディレクトリ以下からサイズが0のファイルを検索する

```
$ find . -size 0
```


数値の指定では、例えば日数が「30」はちょうど30日前を、「+30」は31日前以前（～を超える）を、「-30」は30日未満を表します。

実行例 カレントディレクトリ以下から最終更新後31日以上経過しているファイルを検索する

```
$ find . -mtime +30
```

検索式は複数指定できます。複数並べた場合は、いずれの条件にもマッチしたファイルを検索します（AND検索）。

実行例 カレントディレクトリ以下からファイル名が「s」で始まるファイルを検索する

```
$ find . -type f -name "s*"
```

-execや-okを指定すると、検索結果のファイルに対して何らかのアクションを起こすことができます。

実行例 カレントディレクトリ以下から「sample」という名前のファイルを削除する

```
$ find . -name "sample" -exec rm {} \;
```

検索ディレクトリにアクセスする権限がない場合はエラーメッセージが表示されます。エラーメッセージだけ表示しないようにするには、リダイレクトを使って次のようにするとよいでしょう。

実行例 すべてのディレクトリから名前が「sample」のファイルやディレクトリを検索する（検索結果だけ表示しエラーメッセージは表示しない）

```
$ find / -name "sample" 2> /dev/null
```

関連コマンド locate

findmnt

マウントされているファイルシステムを表示する。

書式 findmnt [オプション] デバイスファイル名またはマウントポイント

●主なオプション

-a, --ascii	ASCIIキャラクタで表示する
-D, --df	dfコマンドの出力に似せて表示する
-t タイプ, --types タイプ	ファイルシステムタイプを指定する

マウントされているファイルシステムを階層的に表示します。デフォルトで表示される項目は、マウントポイント、デバイスファイル、ファイルシステムタイプ、マウントオプションです。

実行例 マウントされているファイルシステムを表示する

```
$ findmnt↵
TARGET                      SOURCE       FSTYPE     OPTIONS
/                           /dev/mapper/ubuntu--vg-root
|                                        ext4       rw,relatime,errors=remount-ro,data=order
├/sys                       sysfs        sysfs      rw,nosuid,nodev,noexec,relatime
|├/sys/kernel/security      securityfs   securityf  rw,nosuid,nodev,noexec,relatime
|├/sys/fs/cgroup            tmpfs        tmpfs      ro,nosuid,nodev,noexec,mode=755
(以下省略)
```

実行例 マウントされているext4ファイルシステムのみを表示する

```
$ findmnt -t ext4↵
TARGET SOURCE                      FSTYPE OPTIONS
/      /dev/mapper/ubuntu--vg-root ext4   rw,relatime,errors=remount-ro,data=ordered
```

関連コマンド mount

firewall-cmd

ファイヤウォールを管理する。

書式 firewall-cmd [オプション] [--zone=ゾーン名]

● 主なオプション

--state	firewalldの状態を表示する
--reload	設定を再読込して反映させる
--permanent	永続設定をする
--get-zones	定義されているゾーンを一覧表示する
--get-services	定義されているサービスを一覧表示する
--list-all	指定したゾーンで有効な項目をすべて表示する
--list-services	指定したゾーンで有効なサービスをすべて表示する
--add-service=サービス名	指定したサービスを有効にする（許可する）
--remove-service=サービス名	指定したサービスを無効にする（拒否する）

ファイヤウォールサービスfirewalldを管理します。firewalldは、バックエンドではiptablesを使ってパケットフィルタリングを行います。フロントエンドのツールがfirewall-cmdコマンドです。

設定には、permanent設定とruntime設定があります。permanent設定は、設定後すぐに有効にはならず、設定の再読込が必要ですが、次回再起動後も有効です。runtime設定は、設定後すぐに有効になりますが、再起動したり再読込したりすると消えてしまいます。

実行例 定義されているゾーンを表示する

```
# firewall-cmd --get-zones
block dmz drop external home internal public trusted work
```

実行例 デフォルトのpublicゾーンのサービスを表示する

```
# firewall-cmd --list-services
dhcpv6-client ssh
```

実行例 デフォルトのpublicゾーンでhttpサービスをただちに有効にする

```
# firewall-cmd --add-service=http
```

実行例 デフォルトのpublicゾーンでhttpサービスを永続的に有効にする

```
# firewall-cmd --permanent --add-service=http
```

実行例 デフォルトのpublicゾーンでhttpサービスをただちに無効にする

```
# firewall-cmd --remove-service=http
```

実行例 設定を再読込する

```
# firewall-cmd --reload
```

関連コマンド iptables | ip6tables | ufw

CentOS fish Ubuntu fish Raspbian fish WSL fish

fish ★

> fishシェルを起動する。

書式 fish

fishは比較的新しいシェルで、対話的なシェルとしても、シェルスクリプトを実行するためのコマンドインタープリタとしても利用できます。

実行例 fishシェルを起動する

```
$ fish
Welcome to fish, the friendly interactive shell
Type help for instructions on how to use fish
north@ubuntu ~>exit  ← fishを終了する
```

関連コマンド bash | tcsh | zsh

CentOS procps-ng Ubuntu procps Raspbian procps WSL procps

free ★★

> メモリの使用状況を表示する。

書式 free [オプション]

● 主なオプション

-b, --bytes	バイト単位で表示する
-k, --kilo	Kバイト単位で表示する
-m, --mega	Mバイト単位で表示する
-g, --giga	Gバイト単位で表示する
--tera	Tバイト単位で表示する
-h, --human	読みやすい単位で表示する
--si	1024単位ではなく1000単位で表示する（KiB、MiB、GiBなど）
-s 秒, --seconds 秒	指定した秒間隔で表示し続ける（-cと合わせ、-cより後に指定する）
-c 回, --count 回	指定した回数だけ繰り返し表示する
-w, --wide	広い幅で表示する
-t, --total	物理メモリとスワップの合計を表示する

システムの物理メモリとスワップ領域それぞれについて、使用量と空き容量を表示します。

実行例 メモリの使用状況を読みやすい単位で表示する

```
$ free -h↵
          total     used     free    shared  buff/cache   available
Mem:       992M      40M     132M       21M        819M        736M
Swap:      1.0G     3.3M     1.0G
```

実行例 物理メモリとスワップの合計も合わせて表示する

```
$ free -ht↵
         total    used    free    shared  buff/cache  available
Mem:      992M     40M    132M      21M        819M       736M
Swap:     1.0G    3.3M    1.0G
Total:    2.0G     43M    1.1G
```

● freeコマンドの出力項目

項目	説明
Mem：行	バッファキャッシュおよびページキャッシュを考慮した物理メモリサイズ
total	搭載している物理メモリ
used	使用中のメモリサイズ（バッファキャッシュおよびページキャッシュを含む）
free	空きメモリサイズ（バッファキャッシュおよびページキャッシュを含まない）
shared	共有メモリサイズ
buff/cache	バッファキャッシュおよびページキャッシュ
buffers	バッファキャッシュ
cache	ページキャッシュ
available	新たなアプリケーション起動時に利用可能な物理メモリサイズ
Swap：行	スワップ領域
total	スワップ領域のサイズ
used	使用中のスワップ領域サイズ
free	空いているスワップ領域サイズ

関連コマンド top

CentOS util-linux Ubuntu util-linux-ng Raspbian util-linux-ng

fsck

ファイルシステムの整合性をチェックする。

書式 fsck [オプション] [デバイスファイル名]

●主なオプション

-n	実際には何も実行せず、何が実行されるかだけを表示する
-y	対話的な質問に対してすべてyesと回答する

ファイルシステムの整合性をチェックし、エラーがあれば修復します。ファイルシステムの整合性とは、ファイルの内容とメタデータ（属性情報など）が適切に関連づけられているかどうかです。システムの電源を突然落としたりすると、ファイルシステムに不整合が発生することがあります。fsckはファイルシステムの種類に応じたチェックコマンド（e2fsck、fsck.ext3やfsck.xfsなど）を実行し、問題があれば修復を試みます。チェック対象のファイルシステムはアンマウントしておく必要があります※3。

実行例 /dev/sda1（/boot）のファイルシステムの整合性をチェックする

```
# fsck /dev/sda1
fsck from util-linux-ng 2.17.2
e2fsck 1.41.12 (17-May-2010)
/boot: clean, 63/64000 files, 173915/256000 blocks
```

関連コマンド dumpe2fs | mkfs

CentOS Ubuntu Raspbian WSL bash組み込み

function

シェル関数を定義する。

書式 function 関数名 { コマンド... }

コマンドをまとめた「シェル関数」を作成します。シェル関数は、定義したシェル内で、一般的なコマンドと同様に使うことができます※4

※3　少なくとも読み取り専用にしておきます。
※4　定義したシェル関数は、シェルを終了するまで有効です。永続的に設定したい時は、~/.bashrcファイルに記載しておきます。シェル関数を削除するにはunsetコマンドを使います。

実行例 カレントディレクトリ以下のディレクトリのみを表示するlsdir関数を作成する

```
$ function lsdir { ls -l | grep '^d'; }⏎
```

実行例 lsdir関数を実行する

```
$ lsdir⏎
drwxrwxr-x  2 north  north   4096 11月 28 19:18 Archive
drwxrwxr-x  7 north  north   4096  6月  2  2017 blog
```

実行例 指定したディレクトリ以下のディレクトリのみを表示するlsdir関数を作成する

```
$ function lsdir { ls -l $1 | grep '^d'; }⏎
```
← 引数は$1、$2...で表す

実行例 lsdir関数を引数付きで実行する

```
$ lsdir /media⏎
drwxr-xr-x 2 root root 4096  5月  2  2017 cdrom
```

関連コマンド unset | declare

CentOS psmisc　Ubuntu psmisc　Raspbian psmisc　WSL psmisc

fuser ★★

ファイルやソケットを開いているプロセスを特定する。

書式 fuser [オプション] ファイル名

● 主なオプション

-a, --all	すべてのファイルを表示する（デフォルトでは1つ以上のプロセスからアクセスされているファイルのみ）
-k, --kill	指定したファイルにアクセスしているプロセスを強制終了する
-i, --interactive	プロセスを終了する前に確認する
-l, --list-signals	使用できるシグナル名を表示する
-m ファイル名, --mount ファイル名	ファイルシステム上のファイルかマウントされたブロックデバイスを指定すると、そのファイルシステム上のファイルにアクセスしている全プロセスを表示する
-n 名前空間, --namespace 名前空間	file、tcp、udpといった名前空間を指定する
-v, --verbose	詳細に表示する
-シグナル	-kオプションで送るシグナルを指定する（デフォルトはSIGKILL）

　ファイルを開いているプロセスやファイルを実行しているプロセスのPIDを表示します。また、そのプロセスに対してシグナルを送ることができます。ファイルシステムをアンマウントしたいが誰かが利用しているので特定したい、といった時に利用できます。

実行例 /var/log/syslogファイルを開いているプロセスを特定する

```
# fuser -v /var/log/syslog↵
                     USER        PID ACCESS COMMAND
/var/log/syslog:     syslog      966 F.... rsyslogd
```

実行例 /bin/bashを実行しているユーザーを特定する

```
$ fuser -v /bin/bash↵
                     USER        PID ACCESS COMMAND
/bin/bash:           centuser  22320 ...e. bash
```

● ACCESS欄の意味

記号	説明
c	カレントディレクトリ
e	実行中のファイル
f	開いているファイル（デフォルトの表示モードでは省略）
r	ルートディレクトリ
m	mmapされたファイルか共有ディレクトリ

関連コマンド lsof

CentOS gcc Ubuntu gcc Raspbian gcc WSL gcc

gcc

★★☆

C/C++言語のプログラムをコンパイルする。

書式 gcc [オプション] ファイル名

● 主なオプション

-g	デバッグ情報も出力する（gdbデバッガで必要）
-o ファイル名	指定したファイル名で出力する（デフォルトはa.out）
-l ファイル名	リンクするライブラリファイルを指定する
-L ディレクトリ	リンクするライブラリファイルの格納されたディレクトリを指定する
-I ディレクトリ	インクルードファイルを検索するディレクトリを追加する
-O 数値	最適化レベルを指定する0〜3の数値で、0は最適化せず、3がもっとも高い最適化を行う。sを指定するとプログラムサイズの最適化を、fastを指定すると速度優先で最適化を行う。

GNUによって提供されるコンパイラ（GNU Compiler Collection）。C言語またはC++言語で書かれたソースプログラムをコンパイルします。引数にはコンパイルするファイルを指定します。

実行例 hello.cファイルをコンパイルして実行ファイルhelloを生成する

```
$ gcc -o hello hello.c↵
```

関連コマンド make

CentOS gdisk Ubuntu gdisk Raspbian gdisk

gdisk

パーティションを管理する。

書式 gdisk [オプション] [デバイスファイル名]

● 主なオプション

-l	パーティションテーブルを表示する

● 主な内部コマンド

b	GPTデータをファイルに保存する
d	パーティションを削除する
i	パーティションの詳細情報を表示する
l	パーティションタイプの一覧を表示する
n	パーティションを作成する

p	パーティションテーブルを表示する
q	変更を保存せずに終了する
s	パーティションをソートする
t	パーティションタイプを変更する
w	変更を保存して終了する
?	ヘルプメニューを表示する

パーティションを対話的に作成したり削除したりします。fdiskコマンドと同じように使えますが、GPTに対応していますので、2Tバイトを越えるパーティションも扱えます。

実行例 /dev/sddにパーティションを作成する

```
# gdisk /dev/sdd↵
GPT fdisk (gdisk) version 0.8.6

Partition table scan:
  MBR: protective
  BSD: not present
  APM: not present
  GPT: present

Found valid GPT with protective MBR; using GPT.

Command (? for help): n↵ ←新しいパーティションを作成する
Partition number (1-128, default 1): 1↵ ←パーティション番号は1
First sector (34-16777182, default = 2048) or {+-}size{KMGTP}: ↵ ←開始位置はデフォルト
Last sector (2048-16777182, default = 16777182) or {+-}size{KMGTP}: +1G↵ ←サイズは1Gバイト
Current type is 'Linux filesystem'
Hex code or GUID (L to show codes, Enter = 8300): ↵ ←パーティションタイプはデフォルトのLinuxファイルシステム（コード83）
Changed type of partition to 'Linux filesystem'

Command (? for help): p↵ ←パーティションテーブルを表示する
Disk /dev/sdd: 16777216 sectors, 8.0 GiB
Logical sector size: 512 bytes
Disk identifier (GUID): C31866C8-5B18-4F81-9627-7E18E6A7CA1C
Partition table holds up to 128 entries
First usable sector is 34, last usable sector is 16777182
Partitions will be aligned on 2048-sector boundaries
Total free space is 14679997 sectors (7.0 GiB)

Number  Start (sector)    End (sector)  Size       Code  Name
   1            2048         2099199   1024.0 MiB  8300  Linux filesystem

Command (? for help): w↵ ←保存して終了する
```

```
Final checks complete. About to write GPT data. THIS WILL OVERWRITE EXISTING
PARTITIONS!!

Do you want to proceed? (Y/N): y⏎   ← yを入力する
OK; writing new GUID partition table (GPT) to /dev/sdd.
The operation has completed successfully.
```

関連コマンド fdisk | parted

CentOS glibc-common Ubuntu libc-bin Raspbian libc-bin WSL libc-bin

getent

★

ネームサービスのデータベースからエントリを取得する。

書式 getent データベース [名前]

● 主なデータベース

データベース名	説明	ローカルファイル
group	グループ情報	/etc/group
passwd	ユーザー情報	/etc/passwd
hosts	ホスト情報	/etc/hosts
networks	ネットワーク情報	/etc/networks
protocols	プロトコル情報	/etc/protocols
services	サービス情報	/etc/services

UIDからユーザー名を検索したり、ホスト名からIPアドレスを検索したりと、対応付けられた名前と値を変換する仕組みをネームサービスといいます。ネームサービスには、ローカルファイルに格納されているものや、LDAPのようにネットワークを使ったものがあります。それらの切り替えは/etc/nsswitch.confで行います。getentコマンドは、ネームサービスの種類にかかわらずにデータを取得して表示します。例えばユーザー情報であれば、ローカルで管理されているものは/etc/passwdファイルから、LDAPで管理されているものはLDAPサーバーから取得した情報を表示します。

実行例 ユーザー情報を取得する

```
$ getent passwd⏎
root:x:0:0:root:/root:/bin/bash
daemon:x:1:1:daemon:/usr/sbin:/usr/sbin/nologin
bin:x:2:2:bin:/bin:/usr/sbin/nologin
(以下省略)
```

実行例 ユーザー情報の中からnorthユーザーのエントリを取得する

```
$ getent passwd north
north:x:1002:1002:,,,:/home/north:/bin/bash
```

CentOS git Ubuntu git Raspbian git WSL git

git ★★★

Gitバージョン管理システムを利用する。

書式 git サブコマンド [引数]

● 主なオプション　主なサブコマンド

init	ローカルリポジトリを作成する
clone リポジトリURL	指定したリポジトリをローカルにコピーする
status	作業ディレクトリの状態を確認する
add [ファイル名またはディレクトリ名]	指定したファイルまたはディレクトリをコミット対象に追加する
reset [ファイル名]	指定したファイルをコミット対象から削除する
rm [ファイル名]	指定したファイルを削除する
rm [-r] [ディレクトリ名]	指定したディレクトリを削除する（-rがあれば再帰的に）
commit [-m メッセージ]	コミット対象のファイルをリポジトリに反映する（コミット）
log [--oneline]	更新履歴を表示する
diff [ファイル名]	指定したファイルの差分を確認する
diff [ID1 ID2]	コミットIDで指定して差分を比較する
checkout ファイル名	リポジトリのファイルを作業ディレクトリにコピーする
checkout ID ファイル名	指定したファイルを古いバージョンに戻す
checkout ブランチ名	ブランチを切り替える
branch ブランチ名	新しいブランチを作成する
merge ブランチ名	ブランチをmasterにマージする

Git（ギット）は分散型のバージョン管理システムです。複数人でファイルの更新履歴を管理し、必要に応じてバージョンを戻したり、競合する変更を解決したりすることができます。バージョン管理情報はリポジトリに保存されます。ローカル環境にあるのがローカルリポジトリ、他のホストに置かれているのがリモートリポジトリです。Gitはgitコマンドで管理します。以下に簡単な例を示します。

実行例 作業ディレクトリ内でローカルリポジトリを作成しバージョン管理を試す

```
$ mkdir work↵ ← 作業ディレクトリを作成する
$ cd work↵ ← 作業ディレクトリに移動する
$ git init↵ ← ローカルリポジトリを作成する
Initialized empty Git repository in /home/north/work/.git/
$ cat > sample.sh↵ ← sample.shファイルを作成する
echo "1"
echo "2" ← Ctrl + D
$ git add sample.sh↵ ← sample.shをコミット対象とする
$ git commit -m "1st commit." sample.sh↵ ← コミットする
[master (root-commit) a401265] 1st commit.
 1 file changed, 2 insertions(+)
 create mode 100644 sample.sh
$ echo 'echo "3"' >> sample.sh↵ ← sample.shファイルに追記する
$ git diff↵ ← 差分を確認する（lessコマンドで表示される）
$ git add .↵ ← カレントディレクトリのファイルをコミット対象とする
$ git commit -m "2nd commit." sample.sh↵ ← コミットする
[master 37e0f9f] 2nd commit.
 1 file changed, 1 insertion(+)
$ git log --oneline↵ ← ログを見る（コミットIDの確認）
37e0f9f 2nd commit.
a401265 1st commit.
$ cat sample.sh↵ ← sample.shファイルを表示する
echo "1"
echo "2"
echo "3"
$ git checkout a401265 sample.sh↵ ← 前のバージョンに戻す
$ cat sample.sh↵ ← sample.shファイルの内容が戻っている
echo "1"
echo "2"
```

バージョン管理に使わない場合でも、GitHubで公開されているリポジトリをダウンロードするのにgitコマンドを使うことは少なくないでしょう。

実行例 GitHubのword2vecのリポジトリをローカルにコピーする

```
$ git clone https://github.com/svn2github/word2vec.git↵
```

CentOS shadow-utils　Ubuntu passwd　Raspbian passwd　WSL passwd

gpasswd

★★

/etc/groupファイルを管理する。

書式 gpasswd ［オプション］［ユーザー名］グループ名

● 主なオプション

-a ユーザー名, --add ユーザー名	指定したユーザーをグループに追加する
-d ユーザー名, --delete ユーザー名	指定したユーザーをグループから削除する
-r, --remove-password	グループパスワードを削除する
-A ユーザー名, --administrators ユーザー名	指定したユーザーをグループの管理者にする
-M ユーザー名..., --members ユーザー名...	指定したユーザー（","区切り）をすべてグループに追加する

グループにユーザーを追加したり、管理者を指定したりします。グループ名のみを指定した時は、そのグループのグループパスワードを変更します。グループパスワードは、グループに属していないユーザーでもグループを利用できるようにします。

実行例 northユーザーをnetworkグループに追加する

```
# gpasswd north network
# id north
uid=1002(north) gid=1002(north) groups=1002(north),1004(network)
```

（networkグループに追加されている）

実行例 aliceユーザーとbobユーザーをsecurityグループに追加する

```
# gpasswd -M alice,bob security
```

実行例 networkグループにグループパスワードを設定する

```
# gpasswd network
Changing the password for group network
New Password:
Re-enter new password:
```

（New Password: パスワードを入力する／Re-enter new password: パスワードを再度入力する）

関連コマンド groupadd | usermod | newgrp

gpg

★★

GnuPG暗号ツールを利用する。

書式 gpg [オプション] [ファイル]

● 主なオプション

--gen-key	公開鍵と秘密鍵の鍵ペアを作成する
--gen-revoke ユーザーID	失効証明書を作成する
-k, --list-keys	鍵一覧を表示する
-o ファイル名, --output ファイル名	出力するファイル名を指定する
-c, --symmetric	共通鍵暗号でファイルを暗号化する
--import	鍵ファイルをインポートする
--export	鍵ファイルをエクスポートする
-a, --armor	ASCII形式で出力する
-e, --encrypt	ファイルを暗号化する
-r ユーザーID, --recipient ユーザーID	受け取り先のユーザーを指定する
--sign-key	鍵に署名をする
-s, --sign	電子署名を行う
--verify ファイル名	ファイルの電子署名を検証する

GnuPG（GNU Privacy Guard）はPGP（Pretty Good Privacy）と互換性のあるオープンソースの暗号化ソフトウェアです。GnuPGでは、公開鍵を使ってファイルを暗号化したり、ファイルに電子署名をすることができます。

最初にGnuPGの鍵ペアを作成します。秘密鍵を保護するパスフレーズを設定します。

実行例 鍵ペアを作成する

```
$ gpg --gen-key
(省略)
ご希望の鍵の種類を選択してください:
   (1) RSA と RSA (デフォルト)
   (2) DSA と Elgamal
   (3) DSA (署名のみ)
   (4) RSA (署名のみ)
選択は?  ← デフォルトの1を選ぶ（Enterを押す）
RSA 鍵は 1024 から 4096 ビットの長さで可能です。
鍵長は? (2048)
要求された鍵長は 2048 ビット
鍵の有効期限を指定してください。
         0 = 鍵は無期限
      <n>  = 鍵は n 日間で期限切れ
      <n>w = 鍵は n 週間で期限切れ
      <n>m = 鍵は n か月間で期限切れ
```

```
        <n>y = 鍵は n 年間で期限切れ
鍵の有効期間は？ (0) ↵
Key does not expire at all
は無期限です
これで正しいですか？ (y/N) y↵

あなたの鍵を同定するためにユーザ ID が必要です。
このソフトは本名、コメント、電子メール・アドレスから
次の書式でユーザ ID を構成します：
    "Heinrich Heine (Der Dichter) <heinrichh@duesseldorf.de>"

本名： Yoshikazu Nakajima↵
電子メール・アドレス： north@lpic.jp↵
コメント：↵
次のユーザ ID を選択しました：
    "Yoshikazu Nakajima <north@lpic.jp>"

名前 (N)、コメント (C)、電子メール (E) の変更、または OK(O) か終了 (Q)? o↵
秘密鍵を保護するためにパスフレーズがいります。

パスフレーズを入力：←――――――――パスフレーズを入力
パスフレーズを再入力：←―――――――パスフレーズを再入力

gpg: /home/north/.gnupg/trustdb.gpg: 信用データベースができました
gpg: 鍵 0B1B4B7F を究極的に信用するよう記録しました
公開鍵と秘密鍵を作成し、署名しました。
(以下省略)
```

パスフレーズが漏れてしまった時のために、鍵を無効化する失効証明書を作成しておいた方がよいでしょう。

実行例 失効証明書を作成する

```
$ gpg -o revoke.asc --gen-revoke north@lpic.jp↵

sec  2048R/0B1B4B7F 2017-12-04 Yoshikazu Nakajima <north@lpic.jp>

この鍵にたいする失効証明書を作成しますか？ (y/N) y↵ ←――― yを入力する
失効の理由を選択してください：
  0 = 理由は指定されていません
  1 = 鍵 ( の信頼性 ) が損なわれています
  2 = 鍵がとりかわっています
  3 = 鍵はもはや使われていません
  Q = キャンセル
```

G gpg

```
(ここではたぶん 1 を選びます)
あなたの決定は? 1↵ ←1を入力する
予備の説明を入力。空行で終了:
>
失効理由: 鍵(の信頼性)が損なわれています
(説明はありません)
よろしいですか? (y/N) y↵ ←yを入力する

次のユーザの秘密鍵のロックを解除するには
パスフレーズがいります:

パスフレーズを入力: ←パスフレーズを入力する


"Yoshikazu Nakajima <north@lpic.jp>"
2048 ビット RSA 鍵, ID 0B1B4B7F 作成日付は 2017-12-04
(以下省略)
```

パスフレーズが漏れたかパスフレーズを忘れたかした場合は次のようにして無効化します。

実行例 失効証明書を使って鍵を無効化する

```
$ gpg --import revoke.asc↵
```

GnuPGでは共通鍵暗号を使った暗号化もできます。この場合は相手の公開鍵は不要です。

実行例 共通鍵を使ってファイルを暗号化する

```
$ gpg -c secret.txt↵ ←設定したいパスフレーズを2回入力する
```

実行例 共通鍵を使ってファイルを復号する

```
$ gpg secret.txt.gpg↵ ←暗号化の時に設定したパスフレーズを入力する
```

公開鍵暗号を使うには、あらかじめ公開鍵をエクスポートし、それを相手に送っておく必要があります。

実行例 公開鍵をpubkeyファイルとしてエクスポートする

```
$ gpg -o pubkey -a --export nakajima@lpic.jp↵ ←自分のメールアドレスを指定する
```

公開鍵を受け取った側(暗号化する側)はインポートします。

実行例 公開鍵ファイルpubkeyをインポートする

```
$ gpg --import pubkey↵
```

実行例 鍵の一覧を表示する

```
$ gpg --list-keys
/home/north/.gnupg/pubring.gpg
------------------------------------------------------------
pub   2048R/0B1B4B7F 2017-12-04
uid                  Yoshikazu Nakajima <north@lpic.jp>
sub   2048R/04ADCBBE 2017-12-04 鍵

pub   4096R/FE46xxxx 2017-06-29 [有効期限: 2019-06-29]
uid                  Yoshikazu Nakajima <nakajima@lpic.jp>
sub   4096R/087Axxxx 2017-06-29 [有効期限: 2019-06-29]
```

主公開鍵

副公開鍵

送り先のメールアドレス（鍵を識別するID）を指定して暗号化します。暗号化されたファイルは元のファイル名に「.asc」が付きます。

実行例 公開鍵でsecret.txtファイルを暗号化する

```
$ gpg -e -a -r nakajima@lpic.jp secret.txt
```

このメールアドレスのユーザーのみが復号できる

暗号化ファイルを受け取った側は自分のパスフレーズを入力して復号します。

実行例 公開鍵で暗号化されたsecret.txtファイルを復号する

```
$ gpg secret.txt.asc
次のユーザの秘密鍵のロックを解除するには
パスフレーズがいります:"Yoshikazu Nakajima <nakajima@lpic.jp>"
4096ビットRSA鍵, ID 087AA19E 作成日付は2017-06-29 (主鍵ID FE46xxxx)
```

パスフレーズを入力する

CentOS grep Ubuntu grep Raspbian grep

grep ★★★

指定したパターンにマッチした行を表示する。

書式 grep [オプション] パターン [ファイル名]

● 主なオプション

-A 行数, --after-context=行数	パターンにマッチした行の後に続く行も表示する
-B 行数, --before-context=行数	パターンにマッチした行の前に続く行も表示する
-C 行数, -行数, --context=行数	パターンにマッチした行の前後の行も表示する
-E, --extended-regexp	拡張正規表現を使う（egrepと同じ）
-G, --basic-regexp	基本正規表現を使う
-H, --with-filename	ファイル名も表示する（デフォルト）
-e パターン, --regexp=パターン	検索パターンを指定する
-f ファイル, --file=ファイル	指定したファイルからパターンを読み込む

-c, --count	パターンマッチした行数のみを表示する
-i, --ignore-case	大文字と小文字を区別しない
-m 行数, --max-count=行数	マッチした行数が指定した行数に達したら終了する
-n, --line-number	行番号も表示する
-r, --recursive	指定したディレクトリ以下のファイルを再帰的に読み込む
-s, --no-messages	エラーメッセージを表示しない
-v, --invert-match	パターンにマッチしなかった行を表示する
-w, --word-regexp	単語単位でパターンとマッチする行を検索する
-x, --line-regexp	行全体がパターンにマッチするものを検索する
--color	マッチした箇所に色を付ける

指定された文字列パターンと一致する文字列があるかどうかを調べます。引数にファイルを指定すると、そのファイルの中で検索パターンに一致した文字列が含まれる行をすべて表示します。ファイルは複数指定することができます。ファイルを指定しなければ、標準入力からのデータを処理します。検索パターンは正規表現で表します。

実行例 /etc/servicesファイルから「ftp」が含まれる行だけ表示する

```
$ grep ftp /etc/services↵
```

実行例 dmesgコマンドの出力から「enp2s0」が含まれる行だけ表示する

```
$ dmesg | grep enp2s0↵
```

実行例 /etc/servicesファイルから単語「ftp」が含まれる行だけ表示する（「sftp」などにはマッチしない）

```
$ grep -w ftp /etc/services↵
```

実行例 httpd.confファイルからコメント行を除いて表示する

```
$ grep -v '^#' httpd.conf↵
```

● 主な正規表現のメタキャラクタ（特殊文字）

メタキャラクタ	説明
.	任意の1文字とマッチする
*	直前の文字の0回以上の繰り返しにマッチする
^	行頭にマッチする
$	行末にマッチする
[]	囲まれた範囲の1文字とマッチする
\	直後のメタキャラクタを通常の文字として扱う
+	直前の文字の1回以上の繰り返しにマッチする（拡張正規表現）
?	直前の文字の0回または1回の繰り返しにマッチする（拡張正規表現）
|	左右の記述いずれかにマッチする（拡張正規表現）
()	正規表現の有効範囲を指定する（拡張正規表現）

正規表現を使わない（メタキャラクタをただの文字として指定したい）時はfgrepコマンドを、拡張正規表現を使いたい時はegrepコマンド（またはgrep -E）を使います。

CentOS shadow-utils　Ubuntu passwd　Raspbian passwd

groupadd

★★

グループを作成する。

書式　groupadd ［オプション］ グループ名

●主なオプション

-f, --force	すでにグループが存在していても強制的に実行する
-g GID, --gid GID	GIDを指定する

新しいグループを作成します。グループを作成するとGIDは自動的に作成されます。

実行例　staffグループを作成する

```
# groupadd staff↵
```

関連コマンド　groupdel | groupmod

CentOS shadow-utils　Ubuntu passwd　Raspbian passwd

groupdel

★

グループを削除する。

書式　groupdel グループ名

既存のグループを削除します。削除したいグループをプライマリグループとするユーザーがいる限り、そのグループは削除できません。

実行例　staffグループを削除する

```
# groupdel staff↵
```

関連コマンド　groupadd | groupmod

CentOS shadow-utils Ubuntu passwd Raspbian passwd

groupmod

★☆☆

グループ情報を修正する。

書式 groupmod [オプション] グループ名

●主なオプション

-g GID, --gid GID	新しいGIDを指定する
-n グループ名, --new-name グループ名	新しいグループ名を指定する

/etc/groupファイルに格納されているグループ情報を修正します。

実行例 developグループのグループ名をdeveloperに変更する

```
# groupmod -n developer develop
```

関連コマンド vigr

CentOS coreutils Ubuntu coreutils Raspbian coreutils

groups

★☆☆

所属しているグループを表示する。

書式 groups [ユーザー名]

ユーザーが所属しているグループ名を表示します。ユーザーを指定しなかった時は、コマンドを実行したユーザーが所属しているグループを表示します。

実行例 自分が所属しているグループを表示する

```
$ groups
centuser adm cdrom sudo dip plugdev lxd lpadmin sambashare
```

関連コマンド id

CentOS shadow-utils Ubuntu passwd Raspbian passwd

grpck

グループファイルが正しいかどうか検査する。

書式 grpck

グループ情報が格納されたファイル（/etc/group、/etc/gshadow）の書式が正しいかどうか、データが有効かどうかを検査します。もし不具合があれば、削除するかどうかを尋ねられます。

実行例 グループファイルをチェックし不具合があれば修正する

```
# grpck
invalid group file entry
delete line 'myuser:x;1003;'? y    ← 削除するならyを入力
grpck: the files have been updated ← 該当行が削除された
```

関連コマンド groupadd | groupdel | groupmod | usermod | gpasswd

CentOS gzip Ubuntu gzip Raspbian gzip WSL gzip

gunzip

圧縮された.gzファイルを伸張する。

書式 gunzip [オプション] ファイル名

● 主なオプション

-c, --stdout	元の圧縮ファイルはそのままにし、伸張した結果を標準出力に出力する
-f, --force	すでに伸張ファイルが存在しても上書きする
-k, --keep	伸張後に元の圧縮ファイルを削除しない
-r, --recursive	ディレクトリ内のファイルをすべて伸張する
-S 拡張子, --suffix 拡張子	.gz以下の拡張子を指定する
-t, --test	圧縮ファイルの整合性を検査する

gzipコマンドにより圧縮された「～.gz」ファイルを伸張します。伸張後、圧縮ファイル（「～.gz」ファイル）は自動的に削除されます。圧縮ファイルを残しておきたい場合は、-kオプションを使います。圧縮ファイルに「～.gz」以外の拡張子が付いている場合は、-Sオプションを使って拡張子を指定する必要があります。

実行例 php-packages.txt.gzファイルを伸張する（圧縮ファイルもそのまま残す）

```
$ gunzip -k php-packages.txt.gz
```

関連コマンド gzip | bunzip2 | unxz

gzip

ファイルを圧縮する。

書式 gzip [オプション] ファイル名

●主なオプション

-c, --stdout	標準出力に出力する
-d, --decompress	ファイルを伸張する（gunzipと同じ）
-f, --force	すでに圧縮ファイルが存在しても上書きする
-k, --keep	圧縮後に元のファイルを削除しない
-r, --recursive	ディレクトリ内のファイルをすべて圧縮する
-t, --test	圧縮ファイルの整合性を検査する

ファイルを圧縮します。圧縮されたファイルには「.gz」という拡張子が付きます。圧縮前のファイルは自動的に削除されます。圧縮前のファイルも残しておきたい場合は、-kオプションを指定します。

実行例 file1ファイルを圧縮する

```
$ gzip file1
```

実行例 file2ファイルを圧縮し元のファイルも残す（-kオプションと同じ）

```
$ gzip -c file2 > file2.gz
```

実行例 sampledirディレクトリ内のファイルを個々に圧縮する（sampledirディレクトリを圧縮するわけではない）

```
$ gzip -r sampledir
```

関連コマンド gunzip2 | bzip2 | xz

CentOS hdparm Ubuntu hdparm Raspbian hdparm

hdparm

ハードディスクのパラメータを設定・表示する。

書式 hdparm [オプション] [デバイスファイル名]

● 主なオプション

-i	起動時に取得したハードディスクの識別情報を表示する
-I	ディスクドライブに詳細情報を要求して表示する
-f	終了時にデバイスのバッファキャッシュを同期・消去する
-t	バッファキャッシュを使わずに読み込み速度を計測する
-T	バッファキャッシュの読み込み速度を計測する

ハードディスクの各種パラメータを設定したり※1、情報を取得して表示したりします。また、読み込み速度を計測することで、簡単なベンチマークとしても利用できます。

実行例 /dev/sdaのデバイスの読み込み速度を計測する

```
# hdparm -t /dev/sda

/dev/sda:
 Timing buffered disk reads: 246 MB in  3.02 seconds =  81.50 MB/sec
```

関連コマンド sdparm

CentOS coreutils Ubuntu coreutils Raspbian coreutils WSL coreutils

head

ファイルの先頭を表示する。

書式 head [オプション] [ファイル名]

● 主なオプション

-行数, -n 行数, --lines=行数	先頭から指定した行数だけ表示する(デフォルトは10行)

指定したファイルの先頭を表示します。デフォルトは10行です。ファイルを指定しなかった時は、標準入力からのデータを処理します。

※1 ハードディスクのパラメータ設定を変更することによって重大な影響を受ける場合があります。通常はBIOS/UEFIが適切に処理をするはずなので、むやみにパラメータを変更しないようにしてください。

実行例 /etc/passwdファイルの先頭3行だけ表示する

```
$ head -n 3 /etc/passwd↵
root:x:0:0:root:/root:/bin/bash
daemon:x:1:1:daemon:/usr/sbin:/usr/sbin/nologin
bin:x:2:2:bin:/bin:/usr/sbin/nologin
```

関連コマンド tail

CentOS Ubuntu Raspbian WSL bash組み込み

help

★★★

シェル組み込みコマンドの情報を表示する。

書式 help [オプション] コマンド名

● 主なオプション

-d	短い説明のみを表示する
-m	manページ風の書式で表示する
-s	簡単な使用方法のみ表示する

シェル組み込みコマンドに関する簡潔な情報を表示します。

実行例 pwdコマンドのヘルプを表示する

```
$ help pwd↵
pwd: pwd [-LP]
    カレントディレクトリの名前を表示します。
(以下省略)
```

関連コマンド man

CentOS util-linux Ubuntu bsdmainutils Raspbian bsdmainutils WSL bsdmainutils

hexdump

ファイルの内容を16進数や8進数で出力する。

書式 hexdump [オプション] [ファイル名]

● 主なオプション

-b	1バイト単位の8進数で出力する
-c	1バイト単位のASCII文字で出力する
-d	2バイト単位の10進数で出力する
-o	2バイト単位の8進数で出力する

-x	2バイト単位の16進数で出力する
-C	標準的な16進数とASCII文字で出力する

ファイルの内容を8進数、16進数、10進数、ASCII文字などで出力（ダンプ）します※2。バイナリファイルの内容確認などに使います。

実行例 /bin/lsファイル（lsコマンド）を16進数とASCII文字で出力する

```
$ hexdump -C /bin/ls↵
00000000  7f 45 4c 46 01 01 01 00  00 00 00 00 00 00 00 00  |.ELF............|
00000010  02 00 03 00 01 00 00 00  e9 be 04 08 34 00 00 00  |............4...|
00000020  78 f4 01 00 00 00 00 00  34 00 20 00 09 00 28 00  |x.......4. ...(.|
(以下省略)
```

関連コマンド od | strings

CentOS Ubuntu Raspbian WSL bash組み込み

history

コマンド履歴を表示する。

書式 history ［オプション］［数値］

●主なオプション

-c	コマンド履歴を削除する
-d 履歴番号	指定した履歴番号のコマンド履歴を削除する

bashでは実行したコマンドの履歴が保存されています。historyコマンドを実行すると、コマンド履歴が古いものから順に表示されます。コマンド履歴には履歴番号も表示され、「!履歴番号」で指定した番号のコマンドを再実行することができます。

保存しておくコマンド履歴数は環境変数HISTSIZEで、ファイル~/.bash_historyに保存しておくコマンド履歴数は環境変数HISTFILESIZEで指定します。

実行例 直近20のコマンド履歴を表示する

```
$ history 20↵
```

実行例 コマンド履歴をすべて削除する

```
$ history -c↵
```

※2 hdコマンドとして呼び出すこともできます（シンボリックリンクになっています）。オプションなしのhdコマンドの出力は、hexdump -Cコマンドの出力と同じです。

CentOS bind-utils Ubuntu bind9-host Raspbian bind9-host WSL bind9-host

host ★★★

DNSサーバーに問い合わせて名前解決を行う。

書式 host [オプション] ホスト名/IPアドレス/ドメイン名 [DNSサーバー]

● 引数

ホスト名/ドメイン名	問い合わせたいホスト名やドメイン名を指定する
IPアドレス	問い合わせたいIPアドレスを指定する
DNSサーバー	問い合わせ先のDNSサーバーを指定する（デフォルトは/etc/resolv.confに記載されたホスト）

● 主なオプション

-t タイプ	検索タイプを指定する
-C	SOAレコードを表示する

● 主な検索タイプ

検索タイプ	説明
a	Aレコード（IPv4アドレス）（デフォルト）
aaaa	AAAAレコード（IPv6アドレス）
any	指定されたドメインのすべての情報
ns	NSレコード（ネームサーバー）
soa	SOAレコード（ゾーンの権威情報）
mx	MXレコード（メールサーバー）
txt	TXTレコード（任意の文字列）
axfr	ゾーン転送情報

指定したDNSサーバーに問い合わせて名前解決を行います。名前解決とは、ホスト名からIPアドレスに変換したり（正引き）、IPアドレスからホスト名に変換したり（逆引き）することです。

実行例 www.seshop.comのIPアドレスを問い合わせる

```
$ host www.seshop.com
www.seshop.com has address 114.31.94.148
```

実行例 8.8.8.8のホスト名を問い合わせる

```
$ host 8.8.8.8
8.8.8.8.in-addr.arpa domain name pointer google-public-dns-a.google.com.
```

実行例 shoeisha.co.jpのメールサーバーを調べる

```
$ host -t mx shoeisha.co.jp
```

実行例 google.co.jpのIPv6アドレスを調べる

```
$ host -t aaaa google.co.jp↵
```

関連コマンド dig

CentOS hostname Ubuntu hostname Raspbian hostname WSL hostname

hostname

★

ホスト名を設定・表示する。

書式 hostname [オプション] [ホスト名]

● 主なオプション

-f, --fqdn, --long	FQDN（ホスト名+ドメイン名）で表示する
-i, --ip-address	IPアドレスを表示する

引数なしで実行すると、ホスト名が表示されます。-fオプションを付けるとFQDN（Fully Qualiifed Domain Name：完全修飾ドメイン名）、つまりホスト名+ドメイン名を表示します。ホスト名を指定するとホスト名を変更することができますが、システムを再起動すると戻ってしまいます。永続的にホスト名を設定するには、/etc/hostnameファイルに記述します。

実行例 ホスト名を表示する

```
$ hostname↵
ubuntu
```

実行例 FQDNでホスト名を表示する

```
$ hostname -f↵
ubuntu.example.com
```

関連コマンド hostnamectl

hostnamectl

ホスト名を管理する。

書式 hostnamectl [サブコマンド]

●主なサブコマンド

status	ホスト名と関連情報を表示する
set-hostname ホスト名	ホスト名を設定する
set-icon-name 名前	アイコン名を設定する（GUIアプリケーション用）
set-chassis タイプ	ホストのタイプを設定する（GUIアプリケーション用）（desktop/laptop/server/tablet/watch/vm/container等）

systemdを採用しているシステムでホスト名を設定します。システムのホスト名以外に、GUIアプリケーションで使われるアイコン名やホストタイプも指定できます。サブコマンドを指定せずに実行すると、ホスト名と関連情報が表示されます（statusサブコマンドと同じ）。

実行例 ホスト名と関連情報を表示する

```
# hostnamectl
   Static hostname: ubuntu
         Icon name: computer-laptop
           Chassis: laptop
        Machine ID: 5af5d45aed239b156685616ea9085ddc
           Boot ID: e779e3930dd6609c7c48f98d59fd2537
  Operating System: Ubuntu 16.04.3 LTS
            Kernel: Linux 4.4.0-104-generic
      Architecture: x86
```

実行例 ホスト名をjupiterに変更する

```
# hostnamectl set-hostname jupiter
```

関連コマンド hostname

hwclock

ハードウェアクロックを調整する。

書式 hwclock [オプション]

● 主なオプション

--show	ハードウェアクロックを表示する（デフォルト）
--systohc	システムクロックをハードウェアクロックに書き込む
--hctosys	ハードウェアクロックをシステムクロックに書き込む

コンピューターのハードウェアに組み込まれた時計（ハードウェアクロック）を調整します。ハードウェアクロックとは別に、Linuxはカーネル内にシステムクロックを持っています。Linux上で使われるのはシステムクロックです。ハードウェアクロックはそれほど正確ではないので、長時間稼働しているマシンではハードウェアクロックとシステムクロックに誤差が生じることがあります。

実行例 ハードウェアクロックを表示する

```
# hwclock --show↵
Mon Nov 20 23:49:06 2017  -0.748322 seconds
```

実行例 ハードウェアクロックをシステムクロックに合わせる

```
# hwclock --systohc↵
```

CentOS glibc-common Ubuntu libc-bin Raspbian libc-bin WSL libc-bin

iconv

★★☆

文字コードを変換する。

書式 iconv [オプション] [入力ファイル名]

● 主なオプション

-f 文字コード, --from-code=文字コード	変換前の文字コードを指定する
-t 文字コード, --to-code=文字コード	変換して出力したい文字コードを指定する
-l, --list	扱える文字コードを一覧表示する
-o ファイル名, --output=ファイル名	出力先のファイル名を指定する

文字コードを変換します。変換前の文字コードを-fオプションで※1、変換先の文字コードを-tオプションで指定します。入力側のファイル名を省略すると、標準入力からのデータを処理します。変換した結果は、デフォルトでは標準出力に出力します。

実行例 EUC-JPで作成されたファイルreport.euc.txtをUTF-8に変換してreport.utf8.txtとして保存する

```
$ iconv -f eucjp -t utf8 report.euc.txt > report.utf8.txt↵
```

関連コマンド nkf

CentOS coreutils Ubuntu coreutils Raspbian coreutils WSL coreutils

id

★★☆

UIDとGIDを表示する。

書式 id [オプション] [ユーザー名]

● 主なオプション

-u, --user	ユーザーのUIDのみ表示する
-g, --group	グループのGIDのみ表示する
-G, --groups	所属しているグループのGIDを表示する

ユーザーのUID、GID、所属グループを表示します。ユーザーを省略した場合は、現在のユーザーについて表示します。

※1 変換前のファイルに使われている文字コードが不明な場合は、nkfコマンドで調べることができます。

実行例 自身のUIDとGIDを表示する

```
$ id↵
uid=1000(centuser) gid=1000(centuser) groups=1000(centuser),4(adm),24(cdrom)
,27(sudo),30(dip),46(plugdev),110(lxd),117(lpadmin),118(sambashare)
```

関連コマンド groups

CentOS net-tools Ubuntu net-tools Raspbian net-tools WSL net-tools

ifconfig ★★★

ネットワークインターフェイスの設定・表示を行う。

書式 ifconfig [オプション] [インターフェイス名]
ifconfig インターフェイス名 [アドレスファミリタイプ] パラメータ

●主なオプション

-a	すべての（非アクティブも含め）インターフェイスを表示する
-s	短く表示する

●パラメータ

up	ネットワークインターフェイスをアクティブにする
down	ネットワークインターフェイスを非アクティブにする
add IPアドレス[/マスク]	IPアドレスを追加する
del IPアドレス[/マスク]	IPアドレスを削除する
netmask マスク値	サブネットマスクを指定する
promisc	プロミスキャスモード（無差別モード）を有効にする
-promisc	プロミスキャスモードを無効にする
metric メトリック	メトリックを設定する
mtu MTU	MTU（Maximum Transmission Unit）を設定する

●アドレスファミリタイプ

タイプ	説明
inet	IPv4（デフォルト）
inet6	IPv6

ネットワークインターフェイスの情報を表示したり、設定したりします。引数なしで実行すると、有効（アクティブ）なネットワークインターフェイスの情報を表示します。ネットワークインターフェイス名は、eth0やenp0s2のような名前です。loは自分自身を表すローカルループバックインターフェイスです。

実行例 ネットワークインターフェイスeth0の情報を確認する

```
$ ifconfig eth0
eth0: flags=4163<UP,BROADCAST,RUNNING,MULTICAST>  mtu 1500
        inet 192.168.1.30  netmask 255.255.255.0  broadcast 192.168.1.255
        inet6 fe80::75f5:1c39:17c1:aac6  prefixlen 64  scopeid 0x20<link>
        ether 08:00:27:cd:23:ac  txqueuelen 1000  (Ethernet)
        RX packets 1324  bytes 158223 (154.5 KiB)
        RX errors 0  dropped 0  overruns 0  frame 0
        TX packets 887  bytes 164326 (160.4 KiB)
        TX errors 0  dropped 0 overruns 0  carrier 0  collisions 0

lo: flags=73<UP,LOOPBACK,RUNNING>  mtu 65536
        inet 127.0.0.1  netmask 255.0.0.0
        inet6 ::1  prefixlen 128  scopeid 0x10<host>
(以下省略)
```

IPv4アドレス
IPv6アドレス
MACアドレス

実行例 eth0にIPアドレス192.168.0.10/24を設定する

```
# ifconfig eth0 192.168.0.10 netmask 255.255.255.0
```

新しいディストリビューションの多くは、ifconfigコマンドは標準ではインストールされません。ipコマンドの使用が推奨されます。

関連コマンド ip

CentOS kmod Ubuntu kmod Raspbian kmod

insmod

★☆☆

カーネルモジュールをロードする。

書式 insmod [オプション] カーネルモジュールのパス [モジュールオプション]

● 主なオプション

-s	実行結果を標準出力ではなくsyslogに出力する
-v	詳細な情報を表示する

カーネルモジュールをロードしカーネルに組み込みます。カーネルモジュールの中には、別のモジュールを必要とするものもあります（依存関係）。依存関係がある場合は、ロード順に注意する必要があります。modprobeコマンドでは依存関係を解決してくれるので、通常はmodprobeコマンドを利用します。

実行例 xfsモジュールをロードする

```
# modinfo xfs | grep filename↵   ← xfsモジュールのパスを確認する
filename:       /lib/modules/4.4.0-101-generic/kernel/fs/xfs/xfs.ko
# insmod /lib/modules/4.4.0-101-generic/kernel/fs/xfs/xfs.ko↵   ← xfsモジュールをロードする
# lsmod | grep ^xfs↵   ← ロードできているか確認する
xfs                   892928  0
```

関連コマンド modprobe | rmmod | lsmod

CentOS sysstat Ubuntu sysstat Raspbian sysstat

iostat ★

CPUの使用状況とディスクの入出力に関する情報を監視する。

書式 iostat [オプション] [表示間隔(秒)] [回数]

● 主なオプション

-c	CPU情報のみを表示する
-d	ディスク情報のみを表示する
-h	人に読みやすい形式でディスク情報を表示する
-k	ブロック単位ではなくKバイト単位で表示する
-m	ブロック単位ではなくMバイト単位で表示する
-t	時間を表示する

CPUの使用状況とディスクの入出力に関する情報を継続的に出力します。引数を1つ指定すると、指定した秒間隔で情報を出力します。引数を2つ指定すると、2番目の引数は出力回数とみなされ、その回数だけ出力すると終了します。最初の出力はシステム起動時以降の情報なので、2番目以降の出力で状況を確認します。

実行例 5秒間隔で表示す

```
# iostat 5↵
Linux 4.4.0-101-generic (ubuntu)        2017年12月01日  _i686_  (2 CPU)

avg-cpu:  %user   %nice %system %iowait  %steal   %idle
           0.09    0.03    0.08    0.00    0.00   99.79

Device:            tps    kB_read/s    kB_wrtn/s    kB_read    kB_wrtn
sda               0.19         1.55         3.42    1745629    3852693
dm-0              0.28         1.10         3.42    1239937    3845820
dm-1              0.00         0.00         0.01       3796       6864

avg-cpu:  %user   %nice %system %iowait  %steal   %idle
           0.20   38.73    6.27   11.53    0.00   43.28
```

```
Device:            tps    kB_read/s    kB_wrtn/s    kB_read    kB_wrtn
sda             101.00       240.80     11685.60       1204      58428
dm-0             23.00       240.80     11648.00       1204      58240
dm-1              9.40         0.00        37.60          0        188
(以下省略)
```

関連コマンド top | vmstat

CentOS iotop Ubuntu iotop Raspbian iotop

iotop

★

ディスクの入出力を監視する。

書式 iotop [オプション]

● 主なオプション

-b, --batch	対話モードではなくバッチモードで実行する
-n 回数, --iter=回数	出力を更新する回数を指定する
-d 秒, --delay=秒	出力の更新間隔を指定する（デフォルトは1秒）
-q, --quiet	ヘッダを出力しない

プロセスごとのディスク入出力情報をtopコマンド風に表示します。デフォルトでは1秒間隔で表示されます。終了するには Q キーを押します。

実行例 iotopコマンドを実行する

```
# iotop↵
```

実行例 iotopコマンドの画面

```
Total DISK READ :      3.11 M/s | Total DISK WRITE :      10.52 M/s
Actual DISK READ:      3.11 M/s | Actual DISK WRITE:      10.12 M/s
  TID  PRIO  USER     DISK READ  DISK WRITE  SWAPIN     IO>    COMMAND
 9414 be/4 root        0.00 B/s   10.52 M/s  0.00 %  5.50 % dpkg --status-fd
43~are_1.157.14_all.deb
 9505 be/4 root        3.11 M/s    0.00 B/s  0.00 %  1.80 % dpkg-deb --fsys-
tar~are_1.157.14_all.deb
    1 be/4 root        0.00 B/s    0.00 B/s  0.00 %  0.00 % init
    2 be/4 root        0.00 B/s    0.00 B/s  0.00 %  0.00 % [kthreadd]
    3 be/4 root        0.00 B/s    0.00 B/s  0.00 %  0.00 % [ksoftirqd/0]
    5 be/0 root        0.00 B/s    0.00 B/s  0.00 %  0.00 % [kworker/0:0H]
```

```
 1030 be/4 root        0.00 B/s    0.00 B/s  0.00 %  0.00 % polkitd --no-
debug
    7 be/4 root        0.00 B/s    0.00 B/s  0.00 %  0.00 % [rcu_sched]
```

関連コマンド top | vmstat

CentOS iproute2 Ubuntu iproute2 Raspbian iproute2

ip ★★★

ネットワークインターフェイスやルーティングテーブルを管理する。

書式 ip オブジェクト [サブコマンド] [デバイス]

●主なオプション

link	ネットワークデバイス
address	IPアドレス
route	ルーティングテーブル
neighbour	ARPテーブル

●サブコマンド

show, list	表示する
add	設定する

ネットワークインターフェイスやルーティングテーブル、ARPテーブルの情報を表示したり、設定をしたりすることができます。操作対象はオブジェクトで指定します。オブジェクトやサブコマンドは、識別できる範囲で省略可能です("address"→"addr"、"a"など)。

実行例 ネットワークインターフェイスenp2s0のデータリンク層の情報を表示する

```
$ ip link show enp2s0
2: enp2s0: <BROADCAST,MULTICAST,UP,LOWER_UP> mtu 1500 qdisc pfifo_fast state
UP mode DEFAULT group default qlen 1000
    link/ether 00:23:54:69:bc:f8 brd ff:ff:ff:ff:ff:ff ←MACアドレス
```

実行例 IPアドレスを表示する

```
$ ip addr show
1: lo: <LOOPBACK,UP,LOWER_UP> mtu 65536 qdisc noqueue state UNKNOWN group
default qlen 1 ←ローカルループバックインターフェイスは有効
    link/loopback 00:00:00:00:00:00 brd 00:00:00:00:00:00
    inet 127.0.0.1/8 scope host lo
       valid_lft forever preferred_lft forever
    inet6 ::1/128 scope host
       valid_lft forever preferred_lft forever
```

```
2: enp2s0: <BROADCAST,MULTICAST,UP,LOWER_UP> mtu 1500 qdisc pfifo_fast state
UP group default qlen 1000 ←イーサネットインターフェイスは有効
    link/ether 00:23:54:69:bc:f8 brd ff:ff:ff:ff:ff:ff ←MACアドレス
    inet 192.168.1.33/24 brd 192.168.1.255 scope global enp2s0 ←IPアドレス
       valid_lft forever preferred_lft forever
    inet6 fe80::223:54ff:fe69:bcf8/64 scope link ←IPv6アドレス
       valid_lft forever preferred_lft forever
3: wlp1s0: <BROADCAST,MULTICAST> mtu 1500 qdisc noop state DOWN group
default qlen 1000 ←無線インターフェイスは無効
    link/ether 00:22:43:33:0c:04 brd ff:ff:ff:ff:ff:ff
```

実行例 ルーティングテーブルを表示する

```
$ ip route show↵
default via 192.168.1.1 dev enp2s0
192.168.1.0/24 dev enp2s0  proto kernel  scope link  src 192.168.1.33
```

実行例 ARPテーブルを表示する

```
$ ip neigh show↵
192.168.1.21 dev enp2s0 lladdr 4c:cc:6a:66:bb:bf DELAY
192.168.1.1 dev enp2s0 lladdr 00:26:87:0d:db:20 STALE
```

実行例 ネットワークインターフェイスenp2s0にIPアドレス192.168.0.10/24を設定する

```
# ip addr add 192.168.0.10/24 dev enp2s0↵
```

実行例 enp2s0にIPアドレスを追加しラベルenp2s0:aを設定する

```
# ip addr add 192.168.0.200/24 dev enp2s0 label enp2s0:a↵
```

実行例 デフォルトゲートウェイを192.168.0.1に設定する

```
# ip route add default via 192.168.0.1↵
```

関連コマンド ifconfig | route | arp

iptables/ip6tables

パケットフィルタリングを管理する。

書式 iptables [-t テーブル] [オプション] [コマンド] [ルール]

● 主なオプション

-v, --verbose	詳細に出力する
-n, --numeric	数値で出力する（IPアドレスやポート番号など）
--line-numbers	ルールを一覧表示する際にルール番号を表示する

● コマンド

-A, --append	指定したチェインの最後にルールを追加する
-D, --delete	指定したチェインからルールを削除する
-I, --insert	ルール番号を指定してルールを挿入する
-L, --list	ルールを一覧表示する
-N, --new-chain	指定した名前のユーザー定義チェインを作成する
-X, --delete-chain	指定したユーザー定義チェインを削除する
-F, --flush	指定したチェイン（指定しなければ全チェイン）内のルールをすべて削除する
-P, --policy	指定したチェインのポリシーを変更する

● チェイン

INPUT	ローカルマシンに入ってくるパケットのためのチェイン
OUTPUT	ローカルマシンで生成されたパケットのためのチェイン
FORWARD	ローカルマシンを経由するパケットのためのチェイン
PREROUTING	入ってきたパケットを変換するためのチェイン
POSTROUTING	出て行くパケットを変換するためのチェイン

● ターゲット

ACCEPT	パケットの通過を許可
DROP	パケットを破棄
REJECT	パケットを拒否（送信元に通知）
MASQUERADE	送信元IPアドレスとポート番号の変換
SNAT	送信元IPアドレスの変換
DNAT	送信先IPアドレスの変換
LOG	ログに出力

● ルール

-s 送信元, --source 送信元	送信元のIPアドレス
-d 送信先, --destination 送信先	送信先のIPアドレス
--sport ポート番号	送信元のポート番号
--dport ポート番号	送信先のポート番号

--to	宛先を指定（IPアドレス：ポート番号）
-j ターゲット，--jump ターゲット	適用されるターゲット
-p プロトコル，--protocol プロトコル	プロトコル（tcp、udp、icmp、allいずれか）
-i インターフェイス，--in-interface インターフェイス	入力インターフェイス
-o インターフェイス，--out-interface インターフェイス	出力インターフェイス
-m マッチ，--match マッチ	拡張モジュール
!	ルールの前に「!」を置くと、除外する意味になる

Linuxカーネルが処理するパケットの情報を調べてパケットを通過させたり破棄したりすることをパケットフィルタリングといいます。iptablesコマンドはIPv4の、ip6tablesコマンドはIPv6のパケットフィルタリングを管理します。

パケットフィルタリングは基本的に、入力（INPUT）、出力（OUTPUT）、転送（FORWARD）の3箇所で行います。それぞれをINPUTチェイン、OUTPUTチェイン、FORWARDチェインといいます。チェインはパケットを検査するための一連のルールセットのことで、それらのチェインに新しいルールを追加したり、カスタムチェインを作成したりして設定します。ネットワークインターフェイスを通過するパケットは、それぞれのチェインのルールに適合するか検査され、その結果通過が許可されたり破棄されたりします。ルールにマッチしたパケットの処理方法をターゲットといいます。チェインのデフォルトターゲットをポリシーといいます。

チェインのセットをテーブルといいます。デフォルトのfilterテーブル、新しい接続を開くパケットのためのnatテーブル、特別なパケット変換に使われるmangleテーブルなどがあります。

● 主なテーブルとデフォルトチェイン

テーブル	デフォルトチェイン
filter	INPUT、OUTPUT、FORWARD
nat	PREROUTING、POSTROUTING、OUTPUT
mangle	INPUT、OUTPUT、FORWARD、PREROUTING、POSTROUTING

実行例 FORWARDチェインのポリシーをDROPに設定する

```
# iptables -P FORWARD DROP↵
```

実行例 192.168.1.100/24から送られてきたICMPパケットを拒否するルールを追加する

```
# iptables -A INPUT -p icmp -s 192.168.1.100/24 -j REJECT↵
```

実行例 192.168.1.100/24から送られてきたすべてのパケットを破棄するルールを追加する

```
# iptables -A INPUT -s 192.168.1.100/24 -j DROP↵
```

実行例 ルール一覧を表示する（IPアドレスやポート番号で）

```
# iptables -L -n
```

実行例 23番ポートへの接続はログに出力し破棄するルールを追加する

```
# iptables -A INPUT -p tcp --dport 23 -j LOG --log-prefix "Telnet Trying..."
# iptables -A INPUT -p tcp --dport 23 -j DROP
```

関連コマンド iptables-save | ip6tables-save | iptables-restore | ip6tables-restore | ufw | firewall-cmd

CentOS iptables Ubuntu iptables Raspbian iptables

iptables-restore/ip6tables-restore

iptables/ip6tablesのパケットフィルタリングルールをファイルから復元する。

書式 iptables-restore [オプション]
ip6tables-restore [オプション]

● 主なオプション

-c, --counters	パケットカウンターとバイトカウンターの値を復元する
-T テーブル, --table テーブル	復元するテーブルを指定する（省略時は全テーブル）

ファイルに出力されたパケットフィルタリングルールを復元します。IPv4ではiptables-restoreコマンドを、IPv6ではip6tables-restoreコマンドを使います。

実行例 /etc/sysconfig/iptablesからフィルタリングルールを復元する

```
# iptables-restore < /etc/sysconfig/iptables
```

関連コマンド iptables | ip6tables | iptables-save | ip6tables-save

iptables-save/ip6tables-save

iptables/ip6tablesのパケットフィルタリングルールを出力する。

書式 iptables-save [オプション]
ip6tables-save [オプション]

● 主なオプション

-c, --counters	パケットカウンターとバイトカウンターの値を出力する
-t テーブル, --table テーブル	出力するテーブルを指定する(省略時は全テーブル)

iptables/ip6tablesのパケットフィルタリングルールを標準出力に出力します。リダイレクトでファイルに出力するとよいでしょう。ルールを元に戻すには、iptables-restore/ip6tables-restoreコマンドを使います。

実行例 /etc/sysconfig/iptablesにフィルタリングルールを保存する(Red Hat系ディストリビューション)

```
# iptables-save > /etc/sysconfig/iptables↵
```

関連コマンド iptables | ip6tables | iptables-restore | ip6tables-restore

iw

無線デバイスを操作する。

書式 iw [サブコマンド]

● サブコマンド

list	無線デバイスとスペックを表示する
dev	無線デバイスを一覧表示する
dev インターフェイス名 info	無線インターフェイスの情報を表示する
dev インターフェイス名 link	無線インターフェイスのリンク状態を確認する
dev インターフェイス名 scan	アクセスポイントを一覧表示する
dev インターフェイス名 connect パラメータ	無線アクセスポイントの情報をデバイスに関連づける
help	ヘルプを表示する

iwconfigコマンドの代替コマンドで、無線デバイスの設定を参照したり、情報を確認したりします。WPA/WPA2での接続はwpa_supplicantコマンドを使ってください。

実行例 無線インターフェイスの情報を表示する

```
$ iw dev
phy#0
        Interface wlp1s0 ← 無線インターフェイス名
                ifindex 3
                wdev 0x1
                addr 00:22:43:33:0c:04 ← MACアドレス
                ssid windsor ← ESSID
                type managed
                channel 10 (2457 MHz), width: 20 MHz (no HT), center1: 2457
MHz ← 使用チャンネル等
```

実行例 リンクの状態を確認する

```
$ iw dev wlp1s0 link
Connected to 00:1d:73:69:5f:e3 (on wlp1s0)
        SSID: windsor
(以下省略)
```

実行例 WEPでアクセスポイントwindsorの暗号化キーをデバイスに関連づける

```
# iw dev wlp1s0 connect windsor key 0:xxxxxxxxx
```

関連コマンド wpa_supplicant

CentOS Ubuntu Raspbian WSL bash組み込み

jobs

★★

実行中のジョブを表示する。

書式 jobs [オプション]

● 主なオプション

-l	PIDも表示する

シェル上で実行されているジョブを表示します。ジョブはシェル上でコマンドを実行する時の単位で、1つ以上のプロセスから構成されます。ジョブにはシェルごとにジョブIDという番号が付けられます※1。

実行例 実行中のジョブを表示する（[ ]内はジョブID）

```
$ jobs
[1]+  停止                  lynx http://lpic.jp/
```

実行例 実行中のジョブをPIDも併せて表示する

```
$ jobs -l
[1]+ 27502 停止                  lynx http://lpic.jp/
```

関連コマンド ps | fg | bg

CentOS coreutils Ubuntu coreutils Raspbian coreutils WSL coreutils

join

2つのファイルの行を連結する。

書式 join [オプション] ファイル名1 ファイル名2

● 主なオプション

-j フィールド	連結するフィールドを番号で指定する（「-1 フィールド -2 フィールド」と同じ）
-1 フィールド	ファイル1の連結するフィールドを番号で指定する
-2 フィールド	ファイル2の連結するフィールドを番号で指定する
-e 文字列	入力フィールドが存在しない場合に指定した文字列で置き換える
-t 文字	フィールドの区切り文字を指定する（デフォルトはスペース）

2つのファイルを読み込んで、共通のフィールド（列）を持つ行を連結します。

※1 PIDはシステムで一意ですが、ジョブIDはそうではありません。

実行例 2つのファイルsample1.txtとsample2.txtを第1フィールドに基づいて連結する

```
$ cat sample1.txt↵
01 aaaa
02 bbbb
$ cat sample2.txt↵
01 AAAA
02 BBBB
$ join -j 1 sample1.txt sample2.txt↵
01 aaaa AAAA
02 bbbb BBBB
```

関連コマンド paste

CentOS systemd Ubuntu systemd Raspbian systemd

journalctl

systemdのログを表示する。

書式 journalctl [オプション]

●主なオプション

-f, --follow	ログの末尾を表示し続ける(tail -fのように)
-o 書式, --output=書式	出力の書式を指定する(short/short-iso/verbose/json)
-r, --reverse	ログを新しい順に表示する(デフォルトは古いものから)
-p プライオリティ	メッセージのプライオリティが指定したものだけを表示する
-u Unit名, --unit=Unit名	指定したUnitのログを表示する
-a, --all	エスケープ文字や長い行も含めプレーンテキストで表示する
--full	エスケープ文字を除いてプレーンテキストで表示する
--no-pager	1ページごとに表示せずすべてのログを表示する

systemdを採用したシステムでは、journalctlコマンドを使ってsystemdのログ(ジャーナル)を表示します※2。コマンドのみを実行すると、古いログから1ページがlessなどのページャを使って表示されます。

実行例 sshd.service関連のログだけを表示する

```
# journalctl -u sshd.service↵
```

実行例 プライオリティがerrのメッセージだけを表示する

```
# journalctl -p err↵
```

関連コマンド systemctl

※2 systemdのログ出力は/etc/systemd/journald.confファイルで設定できます。

CentOS procps Ubuntu procps Raspbian procps WSL procps

kill ★★★

PIDで指定したプロセスにシグナルを送る。

書式
```
kill PID
kill -シグナル PID
kill [オプション] PID
kill [オプション]
```


● 主なオプション

-シグナル	送信するシグナルを指定する
-s シグナル	送信するシグナルを指定する
-l	シグナルの一覧を表示する

● 主なシグナル

シグナル番号	シグナル名	説明
1	HUP (SIGHUP)	ハングアップ(端末が制御不能もしくは切断による終了)※1
2	INT (SIGINT)	キーボードからの割り込み(Ctrl+C)
9	KILL (SIGKILL)	強制終了
15	TERM (SIGTERM)	終了(デフォルト)
18	CONT (SIGCONT)	停止しているプロセスを再開
19	STOP (SIGSTOP)	一時停止(Ctrl+Z)

プロセスを終了させる時に使われるコマンドです。PIDで指定※2したプロセスにシグナルを送ります。シグナルはプロセスへのメッセージで、プロセスはシグナルを受け取ると終了や再起動など、受け取ったシグナルに応じた動作をします。デフォルトで送られるシグナルはTERMシグナルです。TERMシグナルを受け取ったプロセスは終了します。KILLシグナルを送るとプロセスを強制終了させることができます。一般ユーザーの場合、当該ユーザーが実行ユーザーであるプロセスに対してのみ操作ができます。シグナルは番号(例「-15」)でも名前(例「-TERM」「-SIGTERM」)でも指定できます。

※1 HUPシグナルを受け取ったプロセスは再起動するので、設定の再読込に使われます。
※2 PIDの代わりに「%ジョブ番号」のようにジョブ番号を指定することもできます。

実行例 PIDが512のプロセスにTERMシグナルを送って終了させる

```
$ kill 512↵
```

実行例 PIDが512のプロセスにKILLシグナルを送って強制終了させる

```
$ kill -KILL 512↵
```

関連コマンド killall | pkill | pgrep | pidof

CentOS psmisc Ubuntu psmisc Raspbian psmisc WSL psmisc

killall ★★

名前で指定したプロセスにシグナルを送る。

書式
killall プロセス名
killall -シグナル プロセス名
killall [オプション] プロセス名
killall [オプション]

●主なオプション

-シグナル	送信するシグナルを指定する
-s シグナル, --signal シグナル	送信するシグナルを指定する
-i, --interactive	終了させる前に確認する
-l, --list	シグナルの一覧を表示する
-I, --ignore-case	プロセス名の大文字小文字を区別しない
-u ユーザー, --user ユーザー	指定したユーザーのプロセスにのみシグナルを送る
-v, --verbose	シグナル送信に成功したら報告する

プロセス名で指定したプロセスにシグナルを送ります。同じ名前のプロセスが複数動作している時は、すべてのプロセスに対してシグナルを送ります。デフォルトはTERMシグナルです。

実行例 lessという名前のプロセスすべてにTERMシグナルを送って終了させる

```
$ killall less↵
```

実行例 northユーザーのプロセスすべてにTERMシグナルを送って終了させる

```
# killall -u north↵
```

関連コマンド kill | pkill | pgrep | pidof

ksh

★☆☆

ksh（kシェル）を起動する。

書式 ksh [オプション]

ksh（Korn Shell）を実行します。kshはsh（Bourne Shell）を拡張したシェルで、bashと同様、コマンドライン操作やシェルスクリプトの実行に利用できます（シェルスクリプトの構文はbashと異なります）。

実行例 kshを新しく起動する

```
$ ksh
```

関連コマンド bash | zsh | fish

CentOS sysvinit-tools Ubuntu util-linux Raspbian util-linux WSL util-linux

last

ログイン・ログアウトの履歴を表示する。

書式 last [オプション] [ユーザー名]

● 主なオプション

-数, -n 数	指定した行数だけ表示する
-R	ログイン元のホスト名を表示しない
-a	ログイン元のホスト名を最後の欄に表示する
-i	ログイン元のホストをIPアドレスで表示する
-F	ログイン、ログアウトともに日時を表示する

ログインしたユーザー名、端末名、ログイン元アドレス（ホスト名）、ログイン日時、ログアウト日時、ログイン時間を表示します。新しい記録から古い記録へと順に表示されます。ユーザー名を指定した時は、そのユーザーの記録のみを表示します。

実行例 ログイン・ログアウトの履歴を表示する

```
$ last
centuser pts/0        192.168.1.21     Sat Dec  2 09:36 - still logged in
windsor  pts/0        192.168.1.30     Thu Nov 16 23:08 - 23:10  (00:01)
(以下省略)
```

実行例 centuserのみのログイン・ログアウトの履歴を表示する

```
$ last centuser
centuser pts/0        192.168.1.21     Sat Dec  2 09:36 - still logged in
centuser pts/0        192.168.1.21     Fri Dec  1 22:17 - 23:29  (01:11)
(以下省略)
```

関連コマンド lastlog

CentOS sysvinit-tools Ubuntu util-linux Raspbian util-linux WSL util-linux

lastb

★

失敗したログインの記録を表示する。

書式 lastb [オプション] [ユーザー名]

●主なオプション

-行数, -n 行数	指定した行数だけ表示する
-R	ログイン元のホスト名を表示しない
-a	ログイン元のホスト名を最後の欄に表示する
-i	ログイン元のホストをIPアドレスで表示する
-F	ログイン、ログアウトともに日時を表示する

失敗したログインの記録を表示します。表示形式はlastコマンドと同じです。

実行例 失敗したログインの記録を表示する

```
# lastb
admin    ssh:notty    192.168.1.21    Mon Dec  4 22:34 - 22:34  (00:00)
```

関連コマンド last

CentOS shadow-utils Ubuntu login Raspbian login WSL login

lastlog

ユーザーごとの最終ログイン日時を表示する。

書式 lastlog [オプション]

●主なオプション

-b 日数, --before 日数	指定した日数よりも古い最終ログイン日時を表示する
-t 日数, --time 日数	指定した日数よりも新しい最終ログイン日時を表示する
-u ユーザー名, --user ユーザー名	指定したユーザーの最終ログイン日時を表示する

ユーザーごとの最終ログイン日時を表示します。ログインしたことのあるユーザーは、ユーザー名、端末名、接続元、最終ログイン日時の順に表示されます。ログインしたことのないユーザーは「**Never logged in**」と表示されます。

実行例 全ユーザーの最終ログイン日時を表示する

```
$ lastlog
Username         Port     From             Latest
root                                       **Never logged in**
daemon                                     **Never logged in**
```

```
bin                                        **Never logged in**
(中略)
centuser         pts/0    58.80.227.150    Tue Nov 21 21:18:35 +0900 2017
north            pts/1    58.80.227.150    Fri Sep  1 18:53:39 +0900 2017
```

実行例 最近3日以内の最終ログイン日時を表示する

```
$ lastlog -t 3↵
Username         Port     From             Latest
centuser         pts/0    58.80.227.150    Tue Nov 21 21:18:35 +0900 2017
```

関連コマンド last

CentOS openldap-clients Ubuntu ldap-utils Raspbian ldap-utils WSL ldap-utils

書式 ldapadd [オプション]

● 主なオプション

-h ホスト	LDAPサーバーを指定する（省略時はローカルホスト）
-H URI	LDAPサーバーをURIで指定する
-x	SASLを使わず簡易認証を用いる
-p ポート番号	LDAPのポートを指定する（デフォルトは389番ポート）
-D BINDDN	認証に利用するDNを指定する
-W	認証時のパスワードを対話的に入力する
-w パスワード	認証時のパスワードを指定する
-f ファイル名	LDIFファイルを指定する

LDAPディレクトリにエントリを追加します。

実行例 test.ldifに記述されたエントリを追加する

```
$ ldapadd -x -D "cn=Manager,dc=example,dc=com" -W -f test.ldif↵
```

関連コマンド ldapmodify | ldappasswd | ldapsearch

CentOS openldap-clients Ubuntu ldap-utils Raspbian ldap-utils WSL ldap-utils

ldapmodify

LDAPのエントリを編集する。

書式 ldapmodify [オプション]

● 主なオプション

-h ホスト	LDAPサーバーを指定する(省略時はローカルホスト)
-H URI	LDAPサーバーをURIで指定する
-x	SASLを使わず簡易認証を用いる
-p ポート番号	LDAPのポートを指定する(デフォルトは389番ポート)
-D BINDDN	認証に利用するDNを指定する
-W	認証時のパスワードを対話的に入力する
-w パスワード	認証時のパスワードを指定する
-f ファイル名	LDIFファイルを指定する

LDAPのエントリを編集します。変更内容を記述したLDIFファイルを用意し、-fオプションで指定します。

実行例 sample.ldifの記述に基づいてエントリの内容を変更する

```
$ ldapmodify -x -W -D "cn=yumi,ou=People,dc=example,dc=com" -f sample.ldif⏎
```

関連コマンド ldapadd | ldappasswd | ldapsearch

CentOS openldap-clients Ubuntu ldap-utils Raspbian ldap-utils WSL ldap-utils

ldappasswd

LDAPパスワードを変更する。

書式 ldappasswd [オプション] DN

● 主なオプション

-h ホスト	LDAPサーバーを指定する(省略時はローカルホスト)
-H URI	LDAPサーバーをURIで指定する
-x	SASLを使わず簡易認証を用いる
-p ポート番号	LDAPのポートを指定する(デフォルトは389番ポート)
-D BINDDN	認証に利用するDNを指定する
-W	認証時のパスワードを対話的に入力する
-w パスワード	認証時のパスワードを指定する
-S	パスワードを対話的に入力する
-s パスワード	パスワードを指定する
-T ファイル名	パスワードを格納したファイルを指定する

LDAPで管理されているユーザーのパスワードを変更します。

実行例 "cn=yumi,ou=People,dc=example,dc=com"のパスワードを変更する

```
$ ldappasswd -x -D "cn=Manager,dc=example,dc=com" -W "cn=yumi,ou=People,dc=e
xample,dc=com" -S↵
New password: ←新しいパスワードを入力する
Re-enter new password: ←新しいパスワードを再入力する
Enter LDAP Password: ←指定したDNのパスワードを入力する
```

関連コマンド ldapadd | ldapmodify | ldapsearch

CentOS openldap-clients Ubuntu ldap-utils Raspbian ldap-utils WSL ldap-utils

ldapsearch ★

LDAPエントリを検索する。

書式 ldapsearch [オプション] 検索条件 [属性]

●主なオプション

-h ホスト	LDAPサーバーを指定する(省略時はローカルホスト)
-H URI	LDAPサーバーをURIで指定する
-x	SASLを使わず簡易認証を用いる
-p ポート番号	LDAPのポートを指定する(デフォルトは389番ポート)
-D BINDDN	認証に利用するDNを指定する
-W	認証時のパスワードを対話的に入力する
-w パスワード	認証時のパスワードを指定する
-b ベースDN	検索を開始するベースDNを指定する
-L	検索結果をLDIFv1形式で表示する
-LL	検索結果をコメントなしの形式で表示する
-LLL	検索結果をコメントとLDAPバージョン表示なしで表示する

LDAPのエントリを検索します。属性を指定すると、検索条件(フィルタ)にマッチしたエントリの指定された属性のみが表示されます。

実行例 登録されたエントリをすべて検索する

```
$ ldapsearch -x -LLL -b "dc=example,dc=com" "(objectClass=*)"↵
```

実行例 sn属性がfredであるエントリを検索する

```
$ ldapsearch -x -LLL -b "dc=example,dc=com" "(sn=fred)"↵
```

実行例 sn属性がfredであるエントリを検索しmail属性のみ表示する

```
$ ldapsearch -x -LLL -b "dc=example,dc=com" "(sn=fred)" mail↵
```

関連コマンド ldapadd | ldapmodify | ldappasswd

CentOS glibc Ubuntu libc-bin Raspbian libc-bin WSL libc-bin

ldconfig

共有ライブラリのリンクを作成したりキャッシュを更新したりする。

書式 ldconfig [オプション]

● 主なオプション

-p	現在のキャッシュを表示する
-f ファイル名	/etc/ld.so.confの代わりに設定ファイルを指定する
-C ファイル名	/etc/ld.so.cacheの代わりにキャッシュファイルを指定する

共有ライブラリに必要なリンクを作成したり、キャッシュを更新したりします※1。共有ライブラリとは、プログラムを動作させるための部品となるプログラムパーツです。共有ライブラリを変更した場合は、ldconfigコマンドを実行してキャッシュを更新する必要があります（そうしないとプログラムが共有ライブラリを見つけることができません）。

実行例 共有ライブラリを追加後にキャッシュを更新する

```
# ldconfig
```

関連コマンド ldd

CentOS glibc-common Ubuntu libc-bin Raspbian libc-bin WSL libc-bin

ldd

共有ライブラリの依存関係を表示する。

書式 ldd ファイル名

実行ファイルが必要としている（依存関係にある）共有ライブラリを表示します。

実行例 /bin/lsが必要としている共有ライブラリを表示する

```
$ ldd /bin/ls
        linux-gate.so.1 =>  (0xb77b8000)
        libselinux.so.1 => /lib/i386-linux-gnu/libselinux.so.1 (0xb7787000)
(以下省略)
```

関連コマンド ldconfig

※1 システムを再起動しても共有ライブラリのキャッシュは更新されます。

less

★★★

1ページ単位で表示する。

書式 less [オプション] [ファイル名]

● 主なオプション

-X, --no-init	終了時に画面をクリアしない
-N, --LINE-NUMBERS	行番号を表示する

● 操作コマンド

スペース、Ctrl + V、f、Ctrl + F	次のページに進む
b、Ctrl + B	前のページに戻る
Enter	1行だけ下へ進む
g、<	ファイルの先頭に進む
G、>	ファイルの末尾に進む
d	半画面だけ進む
u	半画面だけ戻る
n	次の検索結果に進む（ファイルの末尾方向）
N	次の検索結果に進む（ファイルの先頭方向）
v	閲覧しているファイルを編集するためエディタを起動する
q	lessを終了する
?文字列	カーソル位置からファイルの先頭方向へ文字列を検索する
/文字列	カーソル位置からファイルの末尾方向へ文字列を検索する
?コマンド	Linuxのコマンドを実行する

ファイルの内容やテキストデータを1ページ単位で表示します。このようなコマンドをページャ（pager）といいます。1画面には収まらないファイルやコマンド出力を表示するのに便利です。lessコマンド内では、キーボードからのキー入力がコマンドになります。ファイルの末尾まで表示しても終了しません。終了にはQキーを押します。

実行例 /etc/servicesファイルを1ページずつ表示する

```
$ less /etc/services↵
```

実行例 dmesgコマンドの実行結果をlessコマンドで1ページずつ表示する

```
$ dmesg | less↵
```

関連コマンド more | cat | lv

CentOS lftp Ubuntu lftp Raspbian lftp WSL lftp

lftp

FTPで接続する。

書式 lftp [オプション] [URL]

● 主なオプション

-c "FTPコマンド"	指定したFTPコマンドを実行する
-p ポート	接続先ポート番号を指定する
-u ユーザー名	接続ユーザー名を指定する
-u ユーザー名,パスワード	接続ユーザー名とパスワードを指定する

● サブコマンド(FTPコマンド)

open ユーザー名@ホスト	指定したFTPサーバーに接続する
ls	FTPサーバーのファイルを一覧表示する
cd ディレクトリ	FTPサーバーでカレントディレクトリを移動する
lcd ディレクトリ	ローカルホストでカレントディレクトリを移動する
lpwd	ローカルホストでのカレントディレクトリのパスを表示する
put ファイル名	指定したファイルをアップロードする
mput ファイル名...	複数のファイルをアップロードする
get ファイル名	指定したファイルをダウンロードする
mget ファイル名...	複数のファイルをダウンロードする
rm ファイル名	FTPサーバーの指定したファイルを削除する
close	FTP接続を終了する
exit	FTP接続を終了しlftpコマンドを終了する

FTPサーバーに接続してファイルのアップロードやダウンロードを行います。

実行例 ftp.riken.jpに接続しfilelist.gzファイルをダウンロードする

```
$ lftp http://ftp.riken.jp/Linux/
cd 成功、cwd=/Linux
lftp ftp.riken.jp:/Linux> cd centos          ← カレントディレクトリを移動する
cd: `http://ftp.riken.jp/Linux/centos/' へのリダイレクションを受け取りました
cd 成功、cwd=/Linux/centos
lftp ftp.riken.jp:/Linux/centos> get filelist.gz   ← filelist.gzファイルをダウンロードする
3782101 bytes transferred
lftp ftp.riken.jp:/Linux/centos> exit        ← 接続を終了しlftpコマンドを終了する
```

CentOS coreutils Ubuntu coreutils Raspbian coreutils WSL coreutils

ln

ハードリンクやシンボリックリンクを作成する。

書式 ln [-s] リンク元ファイル名 リンクファイル名

● 主なオプション

-s, --symbolic	シンボリックリンクを作成する
-r, --relative	相対パスを使ったシンボリックリンクを作成する

ファイルに別の名前を付けたファイルをリンクファイルといいます。リンクファイルには、同じ実体（ファイルシステム上のデータ）に別の名前を付けたハードリンクと、リンク元ファイルの場所を示すシンボリックリンクがあります。シンボリックリンクは、WindowsのショートカットやmacOSのエイリアスに相当します。

実行例 sample.orgファイルのハードリンクsample.hardを作成する

```
$ ln sample.org sample.hard↵          ← ハードリンクを作成
$ ls -li sample.org sample.hard↵
289856 -rw-r--r-- 2 north north 234 11月 29 22:44 sample.hard
289856 -rw-r--r-- 2 north north 234 11月 29 22:44 sample.org
```

iノード番号も含めファイル名以外まったく同じ

実行例 sample.orgファイルのシンボリックリンクsample.symを作成する

```
$ ln -s sample.org sample.sym↵        ← ハードリンクを作成
$ ls -li sample.org sample.sym↵
289856 -rw-r--r-- 2 north north 234 11月 29 22:44 sample.org
289941 lrwxrwxrwx 1 north north  10 11月 29 22:47 sample.sym -> sample.org
```

ファイルの属性が異なる

CentOS mlocate Ubuntu mlocate Raspbian mlocate WSL mlocate

locate

ファイル名データベースに基づいてファイルを検索する。

書式 locate キーワード

あらかじめ作成されたファイル名データベースに基づいて、指定したキーワードでファイルを検索します。findコマンドよりも高速に検索できます。キーワードが"＊"などのメタキャラクタを含まない文字列の場合は、その文字列が含まれるファイルをすべて表示します。キーワードにメタキャラクタが含まれる場合は、その文字列パターンに正確にマッチするファイルだけを表示します。ファイル名データベースは通常、自動的に定期更新されますが、updatedbコマンドで明示的に更新することもできます※2。

実行例 「configure」という文字列が含まれるファイルやディレクトリを検索する

```
$ locate "configure"↵
```

実行例 「～.rpm」ファイルを検索する

```
$ locate "*.rpm"↵
```
← ファイル名の末尾が".rpm"のファイルを検索

関連コマンド updatedb

CentOS util-linux　Ubuntu bsdutils　Raspbian bsdutils　WSL bsdutils

logger

★

ログメッセージを生成する。

書式 logger [オプション] [メッセージ]

● 主なオプション

-pファシリティ.プライオリティ, --priority ファシリティ.プライオリティ	メッセージのファシリティとプライオリティを指定する
-tタグ, --tag タグ	タグを指定する
-fファイル名, --file ファイル名	指定したファイルの内容をログとして出力する
-s, --stderr	ログメッセージを標準エラー出力にも出力する

ログメッセージを生成します。ログ設定の確認に使えます。ログメッセージには、生成元(機能分類)を示すファシリティと、メッセージの重要度を示すプライオリティが付けられています。

● ログの主なファシリティ

ファシリティ	説明
auth、authpriv	認証システム(loginやsu)
cron	cron
daemon	各種デーモン
ftpFTP	サービス
kern	カーネル
lpr	印刷システム
mail	メールシステム
syslogsyslog	機能
user	ユーザープロセス
local0～local7	独自の設定

※2　WSLではupdatedbコマンドを手動で実行してください。

● ログのプライオリティ（上ほど重要度が高い）

プライオリティ	説明
emerg	危機的な状態
alert	早急に対処が必要な状態
crit	危険な状態
err	一般的なエラー
warning	システムからの警告
notice	システムからの重要な通知
info	システムからの情報
debug	デバッグ情報

実行例 ログメッセージを生成し、確認する

```
$ logger -p syslog.info -t Test "logger test message"↵  ← ログメッセージを生成する
$ sudo tail -1 /var/log/syslog↵  ← ログメッセージを確認する
Dec  1 17:32:30 ubuntu Test: logger test message
```

CentOS coreutils Ubuntu coreutils Raspbian coreutils WSL coreutils

ls ★★★

ディレクトリの内容やファイルの情報を表示する。

書式 ls [オプション] [ファイル名/ディレクトリ名]

● 主なオプション

-a, --all	"."で始まる名前のファイルも含めてすべてのファイルやディレクトリを表示する
-c, --time=status	-ltと併用した場合、ファイルの状態情報の変更日時（ctime）でソートする。-lと併用した場合、名前でソートしてctimeを表示する。それ以外はctimeの新しい順でソートする
--color[=条件]	カラー表示する（never：カラーにしない、auto：標準出力が端末ならカラー表示する、always：常にカラー表示する（デフォルト））
-d, --directory	ディレクトリそのものの情報を表示する（ディレクトリの内容は表示しない）
--full-time	タイムスタンプを詳細に表示する
-h, --human-readable	-lと併用した時に適切な単位でサイズを表示する
-i, --inode	iノード番号を表示する
-l, --format=long	詳細な情報を表示する
-m, --format-comma	ファイルをコンマで区切って表示する
-n, --numeric-uid-gid	ユーザー名・グループ名をUID・GIDで表示する
-r, --reverse	ソート順を反転させる
--si	-hと同様だが1024単位ではなく1000単位で表示する
-t, --sort=time	ファイル更新日時でソートして表示する
-x, --format=across	ファイルを縦方向ではなく水平方向に並べて表示する
-1	ファイル名だけを1列で表示する

-A, --almost-all	"."で始まるファイル名のファイルも表示する（"."と".."は除く）
-C	要素を列ごとに並べる
-F, --classify	ファイルの種類としてタイプ識別子を付けて表示する
-G, --no-group	-lと併用した時にグループ名を表示しない
-L, --dereference	シンボリックリンクはリンク先のファイル情報を表示する
-R, --recursive	ディレクトリ内を再帰的にすべて表示する
-S	ファイルサイズが大きいものからソートする
-X	拡張子のアルファベット順に表示する
-Z, --context	SELinuxセキュリティコンテキストを表示する

ファイルやディレクトリの情報を表示します。引数にファイル名を指定した時はそのファイルの情報を、ディレクトリを指定した時はそのディレクトリ内の情報を表示します。引数を省略した時はカレントディレクトリを指定したものとみなされます。

実行例 tempディレクトリの内容を表示する

```
$ ls temp↵
hanoi3.rb  hello  vmstat.log
```

実行例 tempディレクトリの内容を詳しく表示する

```
$ ls -l temp↵
合計 8
-rwxrwxr-x 1 centuser centuser  192  9月 23 01:27 hanoi3.rb
drwxrwxr-x 2 centuser centuser 4096 10月  4 23:43 hello
lrwxrwxrwx 1 centuser centuser   13 11月 16 22:19 vmstat.log -> ../vmstat.lo
```

実行例 tempディレクトリそのものの情報を表示する

```
$ ls -ld temp↵
drwxrwxr-x 3 centuser centuser 4096 11月 16 22:19 temp
```

実行例 タイプ識別子を付けて、縦一列で表示する

```
$ ls -F -1↵
hanoi3*      ← 実行ファイル
hello/       ← ディレクトリ
vmstat.log@  ← シンボリックリンク
```

CentOS e2fsprogs Ubuntu e2fsprogs Raspbian e2fsprogs

lsattr

ファイルの拡張属性を表示する。

書式 lsattr [オプション] ファイル名

● 主なオプション

-R	指定したディレクトリ以下を再帰的に表示する
-a	"."で始まる名前のファイルも含めてすべてのファイルやディレクトリを表示する
-d	ディレクトリそのものの情報を表示する（ディレクトリの内容は表示しない）

ext2/ext3/ext4ファイルシステムにおいて、ファイルの拡張属性を表示します。拡張属性の変更はchattrコマンドを使います。拡張属性の意味はP.25を参照してください。

実行例 samplefileの拡張属性を表示する

```
$ lsattr samplefile
----i--------e-- samplefile
```

関連コマンド chattr

CentOS redhat-lsb-core Ubuntu lsb-release Raspbian lsb-release WSL lsb-release

lsb_release

ディストリビューションの情報を表示する。

書式 lsb_release オプション

● 主なオプション

-a, --all	すべての情報を表示する
-c, --codename	コード名を表示する
-d, --description	ディストリビューションの詳細を表示する
-i, --id	ディストリビューターを表示する
-r, --release	リリース番号を表示する

システムにインストールされているディストリビューションの名前やバージョンを表示します[※3]。

※3 LSB（Linux Standard Base）とは、Linuxの内部構造を標準化する仕様です。ディストリビューション間の相違点を減らすことで、アプリケーションを対応させる手間が軽減できます。

実行例 ディストリビューションの情報を表示する

```
$ lsb_release -a
Distributor ID: Ubuntu            ← ディストリビューター
Description:    Ubuntu 16.04.3 LTS ← ディストリビューション名とバージョン
Release:        16.04             ← リリース番号
Codename:       xenial            ← コード名
```

CentOS util-linux Ubuntu util-linux Raspbian util-linux

lsblk

★☆☆

ブロックデバイスを表示する。

書式 lsblk [オプション]

● 主なオプション

-a, --all	サイズが0のデバイスも表示する（loopデバイスなど）
-b, --bytes	バイト単位で表示する
-f, --fs	ファイルシステム情報を表示する
-i, --ascii	ツリー表示にASCII文字を使って表示する
-l, --list	ブロックデバイスを一覧表示する（ツリー表示にしない）

HDDやSDD、USBメモリといったブロックデバイスを一覧表示します。引数なしで実行すると、認識できているブロックデバイスを一覧表示します。

実行例 ブロックデバイスを一覧表示する

```
$ lsblk
NAME                       MAJ:MIN RM   SIZE RO TYPE MOUNTPOINT
sda                          8:0    0    15G  0 disk
├─sda1                       8:1    0   487M  0 part /boot
├─sda2                       8:2    0     1K  0 part
└─sda5                       8:5    0  14.6G  0 part
  ├─ubuntu--vg-root        252:0    0  13.5G  0 lvm  /
  └─ubuntu--vg-swap_1      252:1    0  1012M  0 lvm  [SWAP]
```

実行例 ブロックデバイスとファイルシステムの情報を表示する

```
$ lsblk -f
NAME      FSTYPE      LABEL UUID                                   MOUNTPOINT
sda
├─sda1    ext2              24c8144a-6855-4dbc-9342-fc2cc87033ae   /boot
├─sda2
└─sda5    LVM2_member       ZPAn89-FXkg-2Cy5-uPJ5-ZgEn-WHcb-OraeuR
```

```
├─ubuntu--vg-root   ext4          6987a8e9-52d0-4ade-8ff0-46b203f50392   /
└─ubuntu--vg-swap_1 swap          dcabfe66-daef-47c8-9ece-62990ff9eb4e   [SWAP]
```

CentOS util-linux Ubuntu util-linux Raspbian util-linux WSL util-linux

lscpu ★

CPUの情報を表示する。

書式 lscpu

CPUの情報を/proc/cpuinfoから取得して表示します。

実行例 CPUの情報を表示する

```
$ lscpu
Architecture:          x86_64  ← CPUアーキテクチャ
CPU op-mode(s):        32-bit, 64-bit
Byte Order:            Little Endian
CPU(s):                2  ← CPU数
On-line CPU(s) list:   0,1
Thread(s) per core:    1  ← コアあたりのスレッド数
Core(s) per socket:    1  ← ソケットあたりのコア数
Socket(s):             2  ← ソケット数
NUMA node(s):          1
Vendor ID:             GenuineIntel  ← CPUベンダー
CPU family:            6
Model:                 45
Model name:            Intel(R) Xeon(R) CPU E5-2640 0 @ 2.50GHz  ← CPU名
Stepping:              7
CPU MHz:               2499.998  ← 動作周波数
(以下省略)
```

関連コマンド lshw

lshw

ハードウェア構成を表示する。

書式 lshw [オプション]

●主なオプション

-html	HTMLで出力する
-xml	XMLで出力する
-json	JSONで出力する
-dump ファイル名	SQLiteデータベース形式でファイルに出力する

ハードウェア構成をツリー状に表示します。

実行例 ハードウェア構成を表示する

```
# lshw
ubuntu
    description: Computer
    width: 32 bits
  *-core
       description: Motherboard
       physical id: 0
     *-memory
          description: System memory
          physical id: 0
          size: 1019MiB
     *-cpu
          product: Intel(R) Atom(TM) CPU N270   @ 1.60GHz
          vendor: Intel Corp.
          physical id: 1
(以下省略)
```

関連コマンド lscpu | lspci | lsusb |

Ubuntu Raspbian WSL initramfs-tools-core:

lsinitramfs

初期RAMディスクイメージの内容を表示する。

書式 lsinitramfs [オプション] 初期RAMディスクイメージファイル

● 主なオプション

-l	詳細な情報をリスト表示する

初期RAMディスクイメージに含まれているファイルを表示します。

実行例 初期RAMディスクイメージファイルinitrd.img-4.4.0-103-genericの内容を表示する

```
$ lsinitramfs -l initrd.img-4.4.0-103-generic
initrd.img-4.4.0-103-generic
drwxr-xr-x  11 root      root            0 Dec 10 22:04 .
-rw-r--r--   1 root      root           48 Dec 10 22:04 .random-seed
drwxr-xr-x   2 root      root            0 Dec 10 22:04 sbin
lrwxrwxrwx   1 root      root           12 Oct 27 19:22 sbin/udevadm -> /bin/
udevadm
-rwxr-xr-x   1 root      root       598044 Nov  8 22:18 sbin/mdadm
(以下省略)
```

関連コマンド mkinitramfs

CentOS kmod Ubuntu kmod Raspbian kmod

lsmod

ロードされているカーネルモジュールを表示する。

書式 lsmod

ロードされているカーネルモジュールを一覧表示します。表示される情報は、モジュール名、サイズ、依存関係（参照回数と、そのモジュールを参照しているモジュール名）です。

実行例 現在ロードされているカーネルモジュールを表示する

```
$ lsmod
Module                  Size  Used by
btrfs                 991232  0
xor                    24576  1 btrfs
raid6_pq              102400  1 btrfs
ufs                    73728  0
```

```
qnx4                    16384  0
hfsplus                106496  0
hfs                     57344  0
minix                   36864  0
ntfs                    98304  0
msdos                   20480  0
jfs                    180224  0
xfs                    970752  0
(以下省略)
```

関連コマンド insmod | modprobe | modinfo

CentOS lsof Ubuntu lsof Raspbian lsof WSL lsof

lsof

★★

開かれているファイルやプロセスを表示する。

書式 lsof [オプション] [ファイル名]

● 主なオプション

-c コマンド	指定したコマンドが開いているファイルを表示する
-i[:ポート]	指定したポートを開いているプロセスを表示する
-p PID	指定したPIDのプロセスが開いているファイルを表示する
-u ユーザー名	指定したユーザーが開いているファイルを表示する
-r 秒	指定した秒間隔で再表示し続ける

開かれているファイルやプロセスを表示します。引数なしで実行すると、すべてのプロセスが開いているファイルを表示します。

実行例 /dev/printerを開いているプロセスを表示する

```
# lsof /dev/printer
COMMAND  PID  USER   FD   TYPE             DEVICE SIZE/OFF       NODE NAME
lpd     7306   lp    4u  unix 0xffff88139fc577c0      0t0 1317162153 /dev/
printer
```

実行例 rsyslogdが開いているファイルを表示する

```
# lsof -p `pidof rsyslogd`  ← `pidof ~`はプロセスのPIDに置き換わる
COMMAND  PID   USER   FD   TYPE   DEVICE SIZE/OFF     NODE NAME
rsyslogd 975 syslog  cwd    DIR    252,0     4096        2 /
(以下省略)
```

実行例 631番ポートおよび3306番ポートを開いているプロセスを表示する

```
# lsof -i:631,3306↵
COMMAND    PID  USER   FD   TYPE DEVICE SIZE/OFF NODE NAME
cupsd      965  root   10u  IPv6  18453      0t0  TCP localhost:ipp (LISTEN)
cupsd      965  root   11u  IPv4  18454      0t0  TCP localhost:ipp (LISTEN)
cups-brow 1105  root    8u  IPv4  18916      0t0  UDP *:ipp
mysqld     1413 mysql    21u   IPv4   20771        0t0   TCP localhost:mysql
(LISTEN)
```

関連コマンド fuser

CentOS pciutils Ubuntu pciutils Raspbian pciutils

lspci

★

PCIデバイスの情報を表示する。

書式 lspci [オプション]

● 主なオプション

-v	詳細な情報を表示する
-vv	より詳細な情報を表示する
-t	ツリー状に表示する
-k	カーネルドライバを表示する
-b	カーネルからではなくバスから見た表示にする
-s [バス:スロット[.機能]	指定されたバス、スロット、機能のデバイスのみを表示する
-d ベンダーID:デバイスID	指定されたベンダーIDとデバイスIDを持つデバイスのみを表示する

PCIデバイスの情報を表示します。オプションを付けずに実行すると、1つのデバイスにつき1行で簡単に表示します。

実行例 1番のバス、0番のスロット、0番の機能のデバイスのみを詳しく表示する

```
$ lspci -v -s 01:00.0↵
01:00.0 Network controller: Qualcomm Atheros AR928X Wireless Network Adapter
(PCI-Express) (rev 01)
        Subsystem: AzureWave AW-NE771 802.11bgn Wireless Mini PCIe Card [AR9281]
        Physical Slot: eeepc-wifi
(以下省略)
```

関連コマンド lshw | lsusb | lsscsi

CentOS lsscsi Ubuntu lsscsi Raspbian lsscsi

lsscsi

SCSIデバイスの情報を表示する。

書式 lsscsi [オプション]

● 主なオプション

-c, --classic	"cat /proc/scsi/scsi"と同じ形式で表示する
-d, --device	SCSIデバイス名の次にメジャー番号とマイナー番号※4を付ける
-g, --generic	汎用SCSI※5デバイスファイル名で表示する
-H, --hosts	システムに接続されているSCSIホストを表示する
-s, --size	ディスクのサイズを表示する

接続されているSCSIデバイスの情報を表示します。

実行例 SCSIデバイスを一覧表示する

```
$ lsscsi
[0:0:0:0]    disk    ATA      ASUS-JM S41 SSD  0102  /dev/sda
```

関連コマンド lshw | lspci | lsusb

CentOS usbutils Ubuntu usbutils Raspbian usbutils

lsusb

USBデバイスの情報を表示する。

書式 lsusb [オプション]

● 主なオプション

-v	詳細に表示する
-s [バス:][デバイス番号:]	指定したバス、デバイス番号のデバイスのみ表示する
-t	ツリー状に表示する

USBデバイスの情報を表示します。オプションなしで実行した場合には簡潔に表示されます。USBデバイスには、USBコントローラー（USBルートハブ）も含まれます。

※4 Linuxカーネルは個々のデバイスをメジャー番号とマイナー番号で識別します。メジャー番号の対応は/proc/devicesで確認できます。

※5 さまざまなSCSIデバイスは汎用的なインターフェイス（例えば/dev/sg0など）を持っています。このような汎用インターフェイスを利用すると、異なるSCSIデバイスを統一的に操作できます。

実行例 USBデバイスの情報を簡潔に表示する

```
$ lsusb
Bus 001 Device 004: ID 04f2:b036 Chicony Electronics Co., Ltd Asus
Integrated 0.3M UVC Webcam
Bus 001 Device 001: ID 1d6b:0002 Linux Foundation 2.0 root hub
Bus 005 Device 002: ID 0b05:b700 ASUSTek Computer, Inc. Broadcom Bluetooth
2.1
Bus 005 Device 001: ID 1d6b:0001 Linux Foundation 1.1 root hub
Bus 004 Device 001: ID 1d6b:0001 Linux Foundation 1.1 root hub
Bus 003 Device 001: ID 1d6b:0001 Linux Foundation 1.1 root hub
Bus 002 Device 001: ID 1d6b:0001 Linux Foundation 1.1 root hub
```

実行例 バス001、デバイスID004のデバイスを詳しく表示する

```
$ lsusb -v -s 001:004
Bus 001 Device 004: ID 04f2:b036 Chicony Electronics Co., Ltd Asus
Integrated 0.3M UVC Webcam
Device Descriptor:
  bLength                18
  bDescriptorType         1
  bcdUSB               2.00
  bDeviceClass          239 Miscellaneous Device
（以下省略）
```

関連コマンド lshw | lspci

CentOS ltrace Ubuntu ltrace Raspbian ltrace WSL ltrace

ltrace

★☆☆

ライブラリの呼び出しをトレースする。

書式 ltrace コマンド

コマンドやプログラムを実行した時にどのようなライブラリが呼び出されるのかをトレースして表示します。プログラムの動作を調べるために使います。

実行例 dateコマンドのライブラリ呼び出しをトレースする

```
$ ltrace date
__libc_start_main(0x8049350, 1, 0xbfe4a6e4, 0x8052090 <unfinished ...>
strrchr("date", '/')                                    = nil
setlocale(LC_ALL, "")                                   = "ja_JP.UTF-8"
bindtextdomain("coreutils", "/usr/share/locale")         = "/usr/share/
locale"
```

```
textdomain("coreutils")                                     = "coreutils"
__cxa_atexit(0x804a610, 0, 0, 0xbfe4a6e4)                   = 0
getopt_long(1, 0xbfe4a6e4, "d:f:I::r:Rs:u", 0x8053720, nil) = -1
nl_langinfo(0x2006c, 0xb76c928c, 0x80484dc, 0xbfe4a5f8)     = 0xb7369535
getenv("TZ")                                                = nil
malloc(64)                                                  = 0x9d51890
clock_gettime(0, 0xbfe4a5b4, 0, 2)                          = 0
(以下省略)
```

関連コマンド strace

CentOS lv Ubuntu lv Raspbian lv WSL lv

lv ★★☆

> テキストファイルを表示する。

書式 lv [オプション] [ファイル名]

● 主なオプション

-c	エスケープシーケンスをカラーで表示する

● 操作コマンド

f、スペース、Ctrl + V、Ctrl + F	次のページに進む
j、Enter	1行だけ下へ進む
g、<	ファイルの先頭に進む
G、>	ファイルの末尾に進む
d、Ctrl+D	半画面だけ進む
u、Ctrl+U	半画面だけ戻る
n	次の検索結果に進む（ファイルの末尾方向）
N	次の検索結果に進む（ファイルの先頭方向）
v、Ctrl+V	閲覧しているファイルを編集するためエディタを起動する
q、Q	lvを終了する
?文字列	カーソル位置からファイルの先頭方向へ文字列を検索する
/文字列	カーソル位置からファイルの末尾方向へ文字列を検索する

lessコマンドと同様な、テキストファイルを1ページずつ表示するページャです。多言語に対応しており、たいていのファイルでは文字コードを指定しなくても適切なコードで表示してくれます。

実行例 /etc/servicesファイルを1ページずつ表示する

```
$ lv /etc/services⏎
```

関連コマンド less

CentOS lvm2 Ubuntu lvm2 Raspbian lvm2

lvcreate

論理ボリュームを作成する。

書式 lvcreate [オプション]

● 主なオプション

-L サイズ, --size サイズ	論理ボリュームのサイズ※6を指定する
-n LV名, --name LV名	論理ボリュームの名称を指定する
-s LV名, --snapshot LV名	スナップショットを作成する

ボリュームグループ内に論理ボリューム（LV）を作成します。作成された論理ボリュームのパスは「/dev/ボリュームグループ名/論理ボリューム名」または「/dev/mapper/ボリュームグループ名-論理ボリューム名」となります。-s（--snapshot）オプションを使うと、スナップショットを作成できます。スナップショットを利用すると、ファイルシステムをアンマウントすることなくバックアップ作業を行えます。

実行例 ボリュームグループvg01内に1Gバイトの論理ボリュームLv01を作成する

```
# lvcreate -L 1G -n Lv01 vg01
```

実行例 論理ボリュームLv01のスナップショットsnap0を作成する

```
# lvcreate -s -L 100M -n snap0 /dev/vg01/Lv01
```

関連コマンド lvextend | lvreduce | lvremove | lvrename | lvscan

CentOS lvm2 Ubuntu lvm2 Raspbian lvm2

lvdisplay

論理ボリュームの情報を表示する。

書式 lvdisplay [デバイスファイル名/論理ボリューム名]

論理ボリュームの情報を表示します。引数を省略した時はすべての論理ボリュームの情報が表示されます。

実行例 論理ボリューム/dev/testvg/Lv01の情報を表示する

```
# lvdisplay /dev/testvg/Lv01
  --- Logical volume ---
```

※6 サイズは、K（Kバイト）、M（Mバイト）、G（Gバイト）、T（Tバイト）といった単位を付けて指定できます。デフォルトはMバイトです。

```
LV Path                /dev/testvg/Lv01
LV Name                Lv01
VG Name                testvg
LV UUID                QWTtdb-pn1V-mMaY-X8bi-6es1-IrIG-aJ1G2I
LV Write Access        read/write
LV Creation host, time centos7.example.com, 2017-12-14 12:58:08 +0900
LV Status              available
# open                 0
LV Size                500.00 MiB
Current LE             125
Segments               2
Allocation             inherit
Read ahead sectors     auto
- currently set to     8192
Block device           253:0
```

関連コマンド lvcreate | lvextend | lvreduce | lvremove | lvrename | lvs

CentOS lvm2 Ubuntu lvm2 Raspbian lvm2

lvextend

論理ボリュームを拡張する。

書式 lvextend [オプション] 論理ボリュームのパス

● 主なオプション

-L +サイズ, --size +サイズ	指定したサイズだけ論理ボリュームを拡張する※7
-r, --resizefs	ファイルシステムのサイズも拡張する

論理ボリュームを拡張します。まだ論理ボリュームに割り当てられていないボリュームグループの領域を使って拡張できます。-r (--resizefs) オプションを使わなかった場合は、別途ファイルシステムの拡張コマンド (resize2fs コマンドなど) を使って拡張する必要があります。

実行例 論理ボリュームLv01を300Mバイト拡張する

```
# lvextend -L +300M /dev/testvg/Lv01 ↵
  Size of logical volume testvg/Lv01 changed from 500.00 MiB (125 extents) to 800.00 MiB (200 extents).
  Logical volume testvg/Lv01 successfully resized.
```

関連コマンド lvcreate | lvdisplay | lvreduce | lvremove | lvrename | lvs

※7 「+」を省略した場合は、拡張後のサイズを指定されたものとみなされます。

CentOS lvm2 Ubuntu lvm2 Raspbian lvm2

lvreduce

論理ボリュームを縮小する。

書式 lvreduce [オプション] 論理ボリュームのパス

●主なオプション

-L -サイズ, --size -サイズ	指定したサイズだけ論理ボリュームを拡張する※8

論理ボリュームを縮小します。論理ボリューム内のファイルシステムは壊れることがあるので、必要に応じてバックアップを取ってから実行してください。

実行例 論理ボリュームLv01を300Mバイト縮小する

```
# lvreduce -L -300M /dev/testvg/Lv01↵
```

関連コマンド lvcreate | lvdisplay | lvextend | lvremove | lvrename | lvs

CentOS lvm2 Ubuntu lvm2 Raspbian lvm2

lvremove

論理ボリュームを削除する。

書式 lvremove 論理ボリュームのパス

論理ボリュームを削除します。確認メッセージが出ますので、本当に削除してもよいなら「y」を入力します。

実行例 論理ボリュームnewLVを削除する

```
# lvremove /dev/testvg/newLV↵
Do you really want to remove active logical volume testvg/newLV? [y/n]:
y↵ ←――― yを入力する
  Logical volume "newLV" successfully removed
```

関連コマンド lvcreate | lvdisplay | lvextend | lvreduce | lvrename | lvs

※8 「-」を省略した場合は、縮小後のサイズを指定されたものとみなされます。

lvrename

論理ボリューム名を変更する。

書式 lvrename [ボリュームグループ名] 現在の論理ボリュームのパス 新しい論理ボリュームのパス

論理ボリュームの名前を変更します。論理ボリュームはパスを指定してください。

実行例 論理ボリューム名をLv01からnewLVに変更する

```
# lvrename /dev/testvg/Lv01 /dev/testvg/newLV
```

関連コマンド lvcreate | lvdisplay | lvextend | lvreduce | lvremove | lvs

lvs

論理ボリュームに関する情報を表示する。

書式 lvs [論理ボリュームのパス]

論理ボリュームに関する情報を簡潔に表示します。引数を省略した場合はすべての論理ボリュームの情報を表示します。

実行例 論理ボリュームに関する情報を表示する

```
# lvs
  LV   VG     Attr       LSize   Pool Origin Data%  Meta%  Move Log Cpy%Sync Convert
  Lv01 testvg -wi-a----- 500.00m
```

関連コマンド lvcreate | lvdisplay | lvextend | lvreduce | lvremove | lvrename

CentOS bsd-mailx Ubuntu bsd-mailx Raspbian bsd-mailx

mail

コマンドラインのメールクライアント。

書式 mail [オプション] 宛先メールアドレス

● 主なオプション

-a ファイル	指定したファイルを添付する
-b メールアドレス	BCCアドレスを指定する
-c メールアドレス	CCアドレスを指定する
-s タイトル	メールのタイトル（Subject）を指定する

メールを作成して送信したり、メールボックスに届いたメールを閲覧したりします。あらかじめメールサーバーを適切に設定しておく必要があります。

実行例 届いているメールを確認する

```
$ mail ↵
Mail version 8.1.2 01/15/2001.  Type ? for help.
"/var/mail/centuser": 12 messages 12 new
>N  1 root@ubuntu.ryecr  Sun Dec 10 04:03   56/2763  Cron <centuser@ubuntu>
/home/centuser/getimg/ge
 N  2 root@ubuntu.ryecr  Sun Dec 10 04:33   57/2839  Cron <centuser@ubuntu>
/home/centuser/getimg/ge
 N  3 root@ubuntu.ryecr  Sun Dec 10 05:03   57/2839  Cron <centuser@ubuntu>
/home/centuser/getimg/ge
(省略)
 N 12 root@ubuntu.ryecr  Sun Dec 10 09:33   58/2917  Cron <centuser@ubuntu>
/home/centuser/getimg/ge
& 1 ↵ ←――― 1番のメールを開く（qで終了）
& q ↵ ←――― mailを終了する
Saved 1 message in /home/centuser/mbox
Held 11 messages in /var/mail/centuser
メールが /var/mail/centuser にあります
```

実行例 centuser@example.com宛のメールを作成する

```
$ mail centuser@example.com ↵
Subject: testmail ↵ ←――― タイトルを入力（-sオプションで指定してもよい）
This is a testmail from ynakajima. ↵ ←― メール本文を入力
. ↵ ←――― "."だけで本文入力終了
Cc: ↵ ←――― CC宛アドレス（必要なければ Enter ）
```

M mail

実行例 dmesgコマンドの出力をadmin@example.com宛に送信する

```
$ dmesg | mail -s dmesg_log admin@example.com↵
```

関連コマンド mailq

CentOS postfix Ubuntu postfix Raspbian postfix ※1

mailq

★

メールキューの内容を表示する。

書式 mailq

送信待ちのメールはメールキューに蓄えられています。宛先メールサーバーがダウンしていて配送できなかったり、DNSで宛先が検索できなかったメールはいったんメールキューに保存されます。つまりメールキューに残っているメールは、まだ送信されていないメールです。mailqコマンドを実行すると、メールキューの内容を表示します。

実行例 メールキューを確認する

```
$ mailq↵
-Queue ID-   --Size-- ----Arrival Time---- -Sender/Recipient-------
85181C37*        320 Sun Dec 3 00:40:03  north@ubuntu.example.net
                                           pocky@example.com

-- 0 Kbytes in 1 Request.
```

関連コマンド mail

CentOS make Ubuntu make Raspbian make WSL make

make

プログラムの生成処理を自動化する。

書式 make [オプション] ターゲット

●主なオプション

-f ファイル名, --file=ファイル名	指定したファイルをMakefileとして扱う
-C ディレクトリ, --directory=ディレクトリ	あらかじめ指定したディレクトリに移動する
-j 数値, --jobs 数値	同時に実行するジョブの数を指定する
-n, --just-print, --dry-run	実際には何も行わず実行するコマンドだけ表示する

※1 インストールされているメールサーバーによってパッケージは異なります。CentOSやUbuntuでは標準でPostfixがインストールされます。

● 主なターゲット

all	プログラム全体を生成する
install	インストールを行う
clean	不要なファイルを削除する

ソースプログラムから実行プログラムを作成したりインストールしたりする手続きを自動化します。規模の大きなプログラムは多数のソースファイルやライブラリから構成されており、それらをリンクし、コンパイルする手順は複雑です。makeコマンドでは、その手順を記述したMakefileに従って処理を行います。ソースファイルを更新した場合も、ファイルのタイムスタンプや依存関係を見て、必要な処理だけを行うことでコンパイルの時間を節約できます。

実行例 Makefileに従ってコンパイルを実施する

```
$ make ↵
```

実行例 Makefileに従ってソフトウェアをインストールする

```
$ sudo make install ↵
```

関連コマンド gcc

コラム 開発パッケージのインストール

CentOSでは「yum groups install "Development Tools"」を、UbuntuやRaspbian、WSLでは「apt install build-essential」を実行すると、開発パッケージ一式がインストールされます。開発関連のパッケージを個々にインストールするよりも効率的です。

CentOS man-db Ubuntu man-db Raspbian man-db WSL man-db

man ★★★

マニュアルを表示する。

書式 man [オプション]

● 主なオプション

-a, --all	すべてのセクションのマニュアルを連続して表示する
-f キーワード, --whatis キーワード	指定されたキーワード(完全一致)を含むマニュアルの要約を表示する(whatisコマンドと同じ)
-k キーワード, --apropos キーワード	指定されたキーワード(部分一致)を含むマニュアルの要約を表示する(aproposコマンドと同じ)
-w, --where, --path, --location	マニュアルファイルが配置されているパスを表示する
-L ロケール, --locale=ロケール	マニュアルを表示する際のロケールを指定する

● 主なセクション

セクション	説明
1	一般コマンド
2	システムコール
3	ライブラリ呼び出し
4	特殊ファイル・デバイスファイル
5	ファイルの書式と慣習
6	ゲーム
7	その他
8	システム管理コマンド
9	カーネルルーチン

コマンドやファイルのマニュアルを表示します※2。マニュアルページはlessコマンドなどのページャで表示されます。

マニュアルはセクション（章）で分類されています。passwdコマンドとpasswdファイルなど、見出しが同じマニュアルはセクションを指定して表示します。通常は、ファイルよりもコマンドのマニュアルページが優先して表示されます。

マニュアルページは次の節で構成されます。

● 主な節

節	説明
NAME	要約（見出しと簡単な説明）
SYNOPSIS	書式（オプションや引数）
DESCRIPTION	詳細な説明
OPTIONS	指定できるオプション
FILES	設定ファイルなど関連するファイル
ENVIRONMENT	関連する環境変数
VERSIONS	バージョン
NOTES	注意事項
BUGS	既知の不具合
EXAMPLE	例
AUTHORS	著者
SEE ALSO	関連項目

実行例 passwdコマンドのマニュアルを表示する

```
$ man passwd↵
```

実行例 passwdファイルのマニュアルを表示する

```
$ man 5 passwd↵
```

※2 UbuntuやRaspbian、WSLでは「manpages-ja」パッケージをインストールするとマニュアルページを日本語化できます（すべてではありません）。

実行例 passwdコマンドのマニュアルを英語(ロケールは"C")で表示する

```
$ man -L C passwd⏎
  ↓  これでもよい
$ LANG=C man passwd⏎
```

関連コマンド whatis | apropos

CentOS mdadm Ubuntu mdadm Raspbian mdadm

mdadm ★☆☆

ソフトウェアRAIDを管理する。

書式 mdadm [モード] RAIDデバイス名 [オプション] 構成デバイス名

● モード

-C, --create	RAIDデバイスを作成する(Createモード)
--manage	RAIDデバイスを管理する(Manageモード)
--misc	RAIDデバイスの各種操作を行う(Miscモード)

● 主なオプション

Createモードのオプション

-l レベル, --level=レベル	RAIDレベルを指定する
-n 数, --raid-devices=数	アクティブな構成デバイス数を指定する
-x 数, --spare-devices=数	スペアデバイスの数を指定する

Manageモードのオプション

-a, --add	構成デバイスを追加する
-r, --remove	非アクティブの構成デバイスを削除する
-f, --fail	構成デバイスに不良マークを付ける

Miscモードのオプション

-S, --stop	RAIDデバイスを非アクティブにする
-o, --readonly	RAIDデバイスを読み取り専用にする
-w, --readwrite	RAIDデバイスを読み書き可能にする
-Q, --query	RAIDの状態を表示する
-D, --detail	RAIDの状態を詳細に表示する
-E, --examine	構成デバイスの状態を表示する

RAIDは複数のブロックデバイス(HDDやSDDなど)を組み合わせて利用する技術です。Linuxカーネルはソフトウェアで RAIDを実現する機能を持っています。RAIDデバイス(RAIDアレイ)を管理するコマンドがmdadmコマンドです。

実行例 3つのパーティションからRAIDレベル1、スペアデバイス1からなるRAIDデバイス/dev/md0を作成する

```
# mdadm --create /dev/md0 -l 1 -n 2 -x 1 /dev/sdc5 /dev/sdc6 /dev/sdc7
```

実行例 /dev/md0の情報を表示する

```
# mdadm --query /dev/md0
/dev/md0: 1023.00MiB raid1 2 devices, 1 spare. Use mdadm --detail for more detail.
```

実行例 /dev/sdc6に不良マークを付け非アクティブにする

```
# mdadm --manage /dev/md0 -f /dev/sdc6
```

実行例 /dev/md0から/dev/sdc6を削除する

```
# mdadm --manage /dev/md0 -r /dev/sdc6
```


CentOS sysvinit-tools Ubuntu util-linux Raspbian util-linux WSL util-linux

mesg ★☆☆

端末へのメッセージを許可・禁止する。

書式 mesg [オプション]

● 主なオプション

y	端末へのメッセージを許可する
n	端末へのメッセージを許可しない

wallコマンド等による端末へのメッセージ書き込みを禁止もしくは許可します。コマンドのみを実行すると、現在の設定が表示されます。

実行例 現在の設定を確認する

```
$ mesg
is y    ← 許可されている
```

実行例 端末へのメッセージ書き込みを禁止する（rootユーザーの書き込みは禁止できない）

```
$ mesg n
```

関連コマンド wall

CentOS coreutils　Ubuntu coreutils　Raspbian coreutils　WSL coreutils

mkdir

★★★

ディレクトリを作成する。

書式 mkdir [オプション] ディレクトリ名

●主なオプション

オプション	説明
-p, --parents	必要であれば親ディレクトリも作成する
-m モード, --mode=モード	アクセス権を指定してディレクトリを作成する

新しいディレクトリを作成します。複数階層のディレクトリを作成する場合は-p (--parents) オプションが必要です。

実行例 カレントディレクトリにdataディレクトリを作成する

```
$ mkdir data↵
```

実行例 カレントディレクトリ内にdirA/dirB/dirCという階層のディレクトリを作成する

```
$ mkdir -p dirA/dirB/dirC↵
```

実行例 アクセス権が770であるディレクトリdir1を作成する

```
$ mkdir -m 770 dir1↵
```

実行例 「201801」～「201812」までの12のディレクトリを作成する

```
$ mkdir 2018{01..12}↵
```

関連コマンド rmdir

CentOS e2fsprogs　Ubuntu e2fsprogs　Raspbian e2fsprogs

mke2fs

ext2/ext3ファイルシステムを作成する。

書式 mke2fs [オプション] デバイスファイル

●主なオプション

オプション	説明
-b サイズ	ブロックサイズを指定する（1024/2048/4096）
-c	ファイルシステム作成前に不良ブロックをチェックする
-j	ext3ファイルシステムを作成する
-t タイプ	ファイルシステムの種類を指定する
-i バイト数	iノードあたりのバイト数を指定する

-m 領域%	rootユーザー用の予約領域を%単位で指定する
-n	実際には何もしない（パラメータの確認に利用）
-L ラベル	ボリュームラベルを指定する

デバイスにファイルシステムを作成（フォーマット）します。デフォルトではext2ファイルシステムを作成し、-jオプションを指定するとext3ファイルシステムを作成します※3。ext3ファイルシステムは、ext2ファイルシステムにジャーナリング機能を追加したファイルシステムです。ジャーナリング機能は、データをディスクに書き込む前にジャーナル（ログ）領域に操作を保存した後にディスクに書き込みをする、という機能です。それにより、システムがクラッシュした際のファイルシステムチェック時間を劇的に短縮できます。

実行例 /dev/sdb1にext3ファイルシステムを作成する

```
# mke2fs -j /dev/sdb1
```

関連コマンド mkfs

CentOS util-linux Ubuntu util-linux Raspbian util-linux

mkfs

ファイルシステムを作成する。

書式 mkfs ［オプション］ デバイスファイル名

●主なオプション

-t タイプ	ファイルシステムタイプを指定する
-V	詳細な情報を表示する

デバイスにファイルシステムを作成（フォーマット）します。どのようなファイルシステムを作成するかを-tオプションで指定します。mkfsコマンドは、各ファイルシステムごとのファイルシステム作成コマンドのフロントエンドとなるコマンドであり、実際にはそれぞれのファイルシステム用のコマンドが実行されます。例えば「-t ext4」を指定すれば、mkfs.ext4コマンドが実行され、ext4ファイルシステムが作成されます。したがって、それぞれのファイルシステム作成コマンドを直接実行してもかまいません。

●ファイルシステムの作成コマンド

コマンド	説明
mkfs.ext2	ext2ファイルシステムを作成する
mkfs.ext3	ext3ファイルシステムを作成する
mkfs.ext4	ext4ファイルシステムを作成する
mkfs.fat	FAT/VFATファイルシステムを作成する

※3　ext3ファイルシステムはmkfs.ext3コマンドで、ext4ファイルシステムはmkfs.ext4コマンドで作成できます。mkfsコマンドでも作成できます。

mkfs.vfat	FAT/VFATファイルシステムを作成する
mkfs.msdos	FAT/VFATファイルシステムを作成する
mkfs.ntfs	NTFSファイルシステムを作成する
mkfs.xfs	XFSファイルシステムを作成する
mkfs.btrfs	Btrfsファイルシステムを作成する
mkfs.cramfs	CramFSファイルシステムを作成する

実行例 /dev/sdb1にext4ファイルシステムを作成する

```
# mkfs -t ext4 /dev/sdb1
```

関連コマンド mke2fs

Ubuntu initramfs-tools-core Raspbian initramfs-tools-core

mkinitramfs

初期RAMディスクを作成する。

書式 mkinitramfs [オプション] [カーネルバージョン]

● 主なオプション

-o 出力ファイル	出力する初期RAMディスクイメージファイル名を指定する
-d ディレクトリ名	設定ファイルのあるディレクトリを指定する（デフォルトは/etc/initramfs-tools/）

システムを起動する際に利用される、暫定的なルートファイルシステムが初期RAMディスクです。Linuxは、起動に必要なデバイスドライバなどを組み込んだ初期RAMディスクをメモリ上に展開し、次に実際のルートファイルシステムをマウントします。初期RAMディスクファイルは、/bootディレクトリ以下に「initrd.img-カーネルバージョン」「initramfs-カーネルバージョン.img」といったファイル名で配置されています。

実行例 カーネルバージョン4.4.0-103用の初期RAMディスクを作成する

```
# mkinitramfs -o initrd.img-4.4.0-103 4.4.0-103
```

実行例 初期RAMディスクの内容を確認する

```
$ lsinitramfs initrd.img-4.4.0-103
initrd.img-4.4.0-103
.
.random-seed
sbin
sbin/udevadm
sbin/mdadm
(以下省略)
```

mkinitramfsコマンドは主にDebian系ディストリビューションで使われます。CentOSではdracutコマンドを使います。

関連コマンド dracut | lsinitramfs

CentOS genisoimage Ubuntu genisoimage Raspbian genisoimage WSL genisoimage

mkisofs ★☆☆

CD-R/DVD-R用のファイルシステムイメージを作成する

書式 mkisofs [オプション] ディレクトリ名

● 主なオプション

オプション	説明
-o ファイル名	出力するISO9660/UDFイメージファイルを指定する
-J	Jolietフォーマットに対応する（Windows系）
-R, -r	RockeRidgeフォーマットに対応する（ロングファイルネーム対応）
-T	RockeRidgeフォーマットが使えないシステムで正しいファイル名を維持するTRANS.TBLファイルを作成する
-udf	UDFイメージを作成する

CD-R用のISO9660ファイルシステムや、DVD-R用のUDFファイルシステムによるイメージファイルを作成します。CD-R/DVD-Rへ書き込む際には、書き込むデータのファイルシステムイメージを作成した後に、ライティングソフトを使ってそれをCD-R/DVD-Rへ書き込みます。ファイルシステムイメージは、mountコマンドなどを使ってマウントすることもできます。

実行例 /dataディレクトリのCD-R用イメージを/tmp/data.isoファイルとして作成する

```
$ mkisofs -R -o /tmp/data.iso /data
```

実行例 /dataディレクトリのDVD-R用イメージを/tmp/data.isoファイルとして作成する

```
$ mkisofs -udf  -o /tmp/data.iso /data
```

mkswap

スワップ領域を作成する。

書式 mkswap [オプション] ファイル名

● 主なオプション

オプション	説明
-c, --check	スワップ領域作成前にデバイスの不良ブロックをチェックし、見つかればその数をカウントする
-L ラベル, --label ラベル	ラベルを指定する
-U UUID, --uuid UUID	UUIDを指定する

スワップ領域を作成します。スワップ領域は、ブロックデバイス上の仮想的なメモリ領域として使われます。つまり、システムに搭載されている物理メモリが不足した場合は、物理メモリの一部がスワップ領域上に一時的に待避されます。スワップ領域を作成後、swaponコマンドでスワップ領域を有効化する必要があります。

実行例 /dev/sdb3にラベルSWAP2としてスワップ領域を作成する

```
# mkswap -L SWAP2 /dev/sdb3
スワップ空間バージョン 1 を設定します、サイズ = 488444 KiB
LABEL=SWAP2, UUID=6d5d086a-317b-42ac-8988-65e23d3aaddf
```

スワップ領域には専用のパーティションを割り当てるのが一般的ですが、ファイルをスワップ領域として利用することも可能です。

実行例 500Mバイトの/tmp/swapfileファイルを作成し、スワップ領域とする

```
# dd if=/dev/zero of=/tmp/swapfile bs=1M count=500
500+0 レコード入力
500+0 レコード出力
524288000 バイト (524 MB) コピーされました、1.06456 秒、492 MB/ 秒
# mkswap /tmp/swapfile
スワップ空間バージョン 1 を設定します、サイズ = 511996 KiB
ラベルはありません , UUID=43d30925-145f-49d5-82e1-32b0f25c071d
```

恒常的に物理メモリが不足すると、スワップ領域への書き出しや読み込みが頻発してしまい（スラッシング）、システムのパフォーマンスが大幅に低下します。利用されているスワップ領域のサイズはfreeコマンドで確認できます。

関連コマンド swapon | swapoff

CentOS coreutils Ubuntu coreutils Raspbian coreutils WSL coreutils

mktemp

一時ファイルを作成する。

書式 mktemp [オプション] [テンプレート]

● 主なオプション

オプション	説明
-d, --directory	ディレクトリを作成する
-p ディレクトリ名, --tmpdir=ディレクトリ名	指定したディレクトリ以下に一時ファイルを作成する（デフォルトは/tmp）

サイズがゼロの一時ファイルや一時ディレクトリを作成します。一時ファイルの名前は「tmp.XXXXXXXXXX」（Xにはランダムな英数字）となります。デフォルトでは/tmpディレクトリ以下に作成されます。

実行例 一時ファイルを作成する

```
$ mktemp
/tmp/tmp.0Cmjy25lRl        ← 作成された一時ファイル
```

一時ファイルを作成するディレクトリは-pオプションで変更できます。

実行例 カレントディレクトリに一時ファイルを作成する

```
$ mktemp -p .
./tmp.ShP90qP1DU
```

テンプレートを指定すると、「X」部分にランダムな英数字が入ったファイルがカレントディレクトリに作成されます。

実行例 テンプレートを指定して一時ファイルを作成する

```
$ mktemp test-XXXX.tmp
test-sqJ5.tmp
$ mktemp test-XXXX.tmp
test-Vu5B.tmp
```

関連コマンド touch

modinfo

カーネルモジュールの情報を表示する。

書式 modinfo [オプション] モジュール名

●主なオプション

-a, --author	モジュールの作者のみを表示する
-d, --description	モジュールの説明のみを表示する
-l, --license	モジュールのライセンスのみを表示する
-p, --parameters	モジュールのパラメータのみを表示する
-n, --filename	モジュールのファイル名のみを表示する

指定したカーネルモジュールの情報を表示します。オプションを省略すると、すべての情報を表示します。

実行例 xfsモジュールの説明を表示する

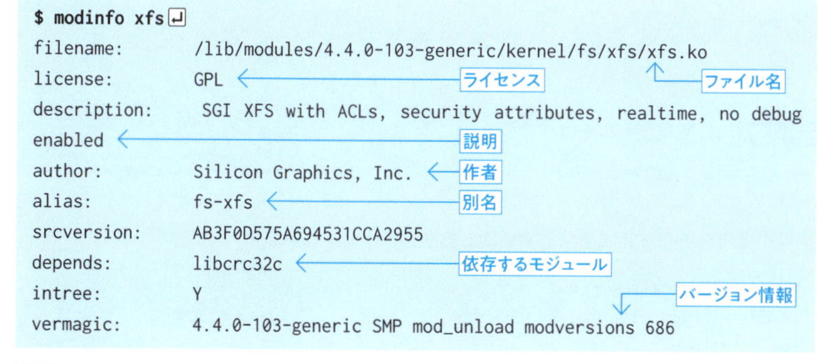

```
$ modinfo xfs
filename:       /lib/modules/4.4.0-103-generic/kernel/fs/xfs/xfs.ko
license:        GPL
description:     SGI XFS with ACLs, security attributes, realtime, no debug
enabled
author:         Silicon Graphics, Inc.
alias:          fs-xfs
srcversion:     AB3F0D575A694531CCA2955
depends:        libcrc32c
intree:         Y
vermagic:       4.4.0-103-generic SMP mod_unload modversions 686
```


関連コマンド lsmod

modprobe

カーネルモジュールを操作する。

書式 modprobe [オプション] カーネルモジュール

● 主なオプション

-c, --showconfig	現在の設定を表示する
-r, --remove	指定したモジュールをアンロードする
-C, --config	設定ファイルを指定する
-D, --show-depends	モジュールの依存関係のみ表示する

カーネルモジュールをロードしてカーネルに組み込んだり、取り外したり（アンロード）します。insmodコマンド、rmmodコマンドとは異なり、モジュールの依存関係を解決して、必要なモジュールも自動的にロードもしくはアンロードします。

実行例 xfsモジュールをロードする

```
# modprobe xfs↵
```

モジュールを取り外すには-rオプションを使います。

実行例 xfsモジュールをロードする

```
# modprobe -r xfs↵
```

実行例 xfsモジュールと依存関係にあるモジュールを表示する

```
$ modprobe -D xfs↵
insmod /lib/modules/4.4.0-103-generic/kernel/lib/libcrc32c.ko
insmod /lib/modules/4.4.0-103-generic/kernel/fs/xfs/xfs.ko
```

関連コマンド lsmod | insmod | rmmod | modinfo

CentOS util-linux Ubuntu util-linux Raspbian util-linux WSL util-linux

more ★

1ページ単位で表示する。

書式 more [オプション] [ファイル名]

● 主なオプション

-行数	1ページあたりの行数を指定する
+行番号	指定した行から表示する

● 操作コマンド

f	次のページに進む
b	前のページに戻る
Enter	1行だけ下へ進む
q	moreを終了する

ファイルの内容やテキストデータを1ページ単位で表示します。lessコマンドはmoreコマンドを拡張、強化したコマンドです。通常はlessコマンドを使えばよいでしょう。

関連コマンド less

CentOS util-linux Ubuntu mount Raspbian mount WSL

mount ★★★

ファイルシステムをマウントする。

書式 mount [オプション] [デバイスファイル] [マウントポイント]

● 主なオプション

-a, --all	/etc/fstabに記載されているすべてのファイルシステムをマウントする
-o オプション, --options オプション	マウントオプションを指定する
-r, --read-only	読み取り専用でマウントする(-o ro)
-w, --rw, --read-write	読み書き可能でマウントする(-o rw)
-t タイプ, --types タイプ	ファイルシステムタイプを指定する
-L ラベル, --label ラベル, LABEL=ラベル	指定したラベルのパーティションをマウントする
-U *UUID*, --uuid *UUID*, UUID=*UUID*	指定したUUIDのパーティションをマウントする

デバイスファイルまたはマウントポイントを指定してファイルシステムをマウントします。引数を付けずに実行した場合は、マウントされているファイルシステムを表示します。マウントとは、ファイルシステム内のあるディレクトリを起点として、外部のファイルシステムを接続することです。例えば、USBメモリのデバイスファイルが/dev/sdb1であり、/media/usbmemにマウントすると、/media/usbmemディレクトリ以下からUSBメモリのファイルにアクセスできます。

実行例 マウントされているファイルシステムを表示する

```
$ mount↵
```

引数にデバイスファイルとマウントポイントを指定すると、マウントできます。

実行例 /dev/sda5を/dataにマウントする

```
# mount /dev/sda5 /data↵
```

ディスクイメージファイルをマウントすることもできます。その場合はマウントオプションとしてloopを指定します。

実行例 ディスクイメージファイルhome.isoを/mnt/tmpにマウントする

```
# mount -o loop home.iso /mnt/tmp↵
```

メモリを仮想的なストレージとして扱うRAMディスクは、次のようにして利用できます。

実行例 16MバイトのRAMディスクを作成して/mnt/ramdiskにマウントする

```
# mount -t tmpfs -o size=256M ramdisk1 /mnt/ramdisk↵
# df -h /mnt/ramdisk↵  ← 作成を確認する
ファイルシステム    サイズ  使用  残り  使用%  マウント位置
ramdisk1            256M     0  256M     0%  /mnt/ramdisk
```

関連コマンド umount

CentOS mtr Ubuntu mtr Raspbian mtr

mtr

ネットワークの経路と応答を調査する。

書式 mtr [オプション] ホスト名

● 主なオプション

オプション	説明
-r, --report	レポートモードで表示する（-cで指定した回数繰り返してから表示する）
-w, --wide	ワイドのレポートモードで表示する（ホスト名を途中で切らない）
-c 回数, --report-cycles 回数	テストの回数を指定する（デフォルトは10回）
-n, --no-dns	名前解決を行わない
-b, --show-ips	ホスト名とIPアドレスとの両方を表示する
-4	IPv4のみを利用する
-6	IPv6のみを利用する

ネットワークの経路情報と応答について調査するツールで、tracerouteコマンドとpingコマンドの機能を合わせたようなコマンドです。デフォルトでは、指定したホストまでの

経路情報を表示し、計測を繰り返して画面を更新します（Q キーで終了）。レポートモードでは、計測が終了してから結果を表示します。

実行例 レポートモードで表示する

```
# mtr --report www.google.co.jp↵
Start: Thu Dec 10 00:30:37 2017
HOST: centos7.example.com          Loss%   Snt   Last   Avg  Best  Wrst StDev
  1.|-- corega.home                 0.0%    10    1.6   1.6   1.4   1.8   0.0
  2.|-- 58x80x168x192.ap58.ftth.u  0.0%    10    1.8   2.0   1.8   3.1   0.3
  3.|-- 221x240x43x10.ap221.ftth.  0.0%    10    5.2   8.7   1.9  40.1  12.0
  4.|-- 221x24x50x10.ap221.ftth.u  0.0%    10    2.2  11.5   1.9  33.1  10.9
  5.|-- 221x112x1x192.ap221.ftth.  0.0%    10    3.1  12.4   2.1  35.6  13.2
  6.|-- 221x112x16x192.ap221.ftth  0.0%    10    2.5  13.1   2.5  31.5  11.9
  7.|-- 61.122.31.172               0.0%    10    8.2  15.9   3.4  42.2  14.7
  8.|-- 221x240x51x10.ap221.ftth.  0.0%    10    4.7   9.7   3.7  25.7   8.5
  9.|-- 72.14.197.10                0.0%    10    7.7  11.8   4.0  37.5  11.9
 10.|-- 108.170.242.10              0.0%    10   20.4  18.1   4.3  39.1  13.0
 11.|-- 209.85.244.10               0.0%    10   45.7  20.2   4.0  45.7  13.9
 12.|-- 108.177.168.192             0.0%    10   40.5  20.7  11.4  40.5  11.4
 13.|-- 108.170.243.10              0.0%    10   18.2  20.8  11.7  53.7  12.9
 14.|-- 108.170.238.10              0.0%    10   11.3  22.1  11.3  46.7  13.2
 15.|-- kix06s01-in-f227.1e100.ne  0.0%    10   14.7  20.7  10.8  47.1  11.1
```

関連コマンド traceroute | ping | route | ip

CentOS coreutils Ubuntu coreutils Raspbian coreutils WSL coreutils

mv ★★★

ファイルの移動やファイル名の変更を行う。

書式 mv [オプション] 移動元 移動先

● 主なオプション

オプション	説明
-f, --force	同名のファイルがあれば上書きする
-i, --interactive	同名のファイルがある場合には確認する
-n, --no-clobber	既存のファイルを上書きしない
-u, --update	移動元ファイルが移動先ファイルより新しい、または移動先が存在しない場合のみ移動する
-v, --verbose	実行中の動作を表示する

ファイルやディレクトリを移動します。移動先にディレクトリを指定した場合は、そのディレクトリ内に移動します。

実行例 ファイルfile1をdir1ディレクトリ以下に移動する

```
$ mv file1 dir1↵
```

移動先にファイル名を指定した場合は、ファイル名の変更が行われます。

実行例 file1ファイルの名前をfile3に変更する

```
$ mv file1 file3↵
```

cpコマンドとは異なり、ディレクトリを移動する際も-rオプションは不要です。

実行例 dir2ディレクトリをdir3ディレクトリ以下に移動する

```
$ mv dir2 dir3↵
```

関連コマンド cp | rename

CentOS mariadb Ubuntu Raspbian WSL mariadb-client、mysql-client

mysql ★★

MySQL/MariaDBデータベースに接続して操作する。

書式 mysql [オプション] [データベース名]

● 主なオプション

オプション	説明
-u ユーザー名, --user=ユーザー名	接続するユーザー名を指定する
-p	パスワードを対話的に入力する
-p パスワード, --password=パスワード	パスワードを指定する
-P ポート, --port=ポート	ポート番号を指定する（デフォルトは3306番）
-h ホスト名, --host=ホスト名	MySQL/MariaDBが稼働しているホストを指定する

MySQL/MariaDBデータベースサーバーに接続するクライアントコマンドです。指定したユーザーで接続し、SQLを発行したり、サブコマンドを使って各種操作を行なったりします。

実行例 rootユーザーでローカルのMySQLサーバーに接続する

```
$ mysql -u root -p↵
Enter password: ← パスワードを入力する
Welcome to the MySQL monitor.  Commands end with ; or \g.
Your MySQL connection id is 4
Server version: 5.7.21-0ubuntu0.16.04.1 (Ubuntu)

Copyright (c) 2000, 2018, Oracle and/or its affiliates. All rights reserved.

Oracle is a registered trademark of Oracle Corporation and/or its
```

```
affiliates. Other names may be trademarks of their respective
owners.

Type 'help;' or '\h' for help. Type '\c' to clear the current input statement.

mysql> CREATE USER dbuser@localhost IDENTIFIED BY 'dbpassword';↵ ← ユーザーを作成
Query OK, 0 rows affected (0.01 sec)

mysql> \q↵ ← 終了する
Bye
```

実行例 バックアップファイルsampledb.txtをsampledbデータベースにリストアする

```
$ mysql -u root -p sampledb < sampledb.txt↵
```

● mysqlの主なサブコマンド

サブコマンド	説明
?, \h, help	ヘルプを表示する
\. ファイル名, source ファイル名	SQLが書かれたファイルを読み込んで実行する
\s, status	MySQL/MariaDBサーバーのステータスを表示する
\u データベース名, use データベース名	指定したデータベースに切り替え
\q, quit	mysqlを終了する

関連コマンド psql | mysqldump

CentOS mariadb Ubuntu Raspbian mariadb-client、mysql-client

mysqldump

MySQL/MariaDBデータベースを出力する。

書式 mysqldump [オプション] データベース名 [テーブル名]

● 主なオプション

オプション	説明
-u ユーザー名, --user=ユーザー名	接続するユーザー名を指定する
-p, --password	パスワードを対話的に入力する
-p パスワード, --password=パスワード	パスワードを指定する
-P ポート, --port=ポート	ポート番号を指定する（デフォルトは3306番）
-h ホスト名, --host=ホスト名	MySQL/MariaDBが稼働しているホストを指定する
-A, --all-databases	すべてのデータベースをダンプする
-d, --no-data	データは含めずデータベースの定義（スキーマ）だけダンプする
--lock-tables	ダンプする前にテーブルをロックする

MySQL/MariaDBのデータベースをファイルに出力（ダンプ）します。データベースのバックアップ作成に利用します。標準出力にダンプされるので、リダイレクトを使ってファイルに保存します。出力されるファイルはSQLで構成されたテキストファイルです。データベースにリストアする際はmysqlコマンドを使います。

実行例 dbuserユーザーとしてsampledbデータベースをsampledb.txtファイルにバックアップする

```
$ mysqldump -u dbuser -p sampledb > sampledb.txt↵
```

関連コマンド mysql

CentOS nano Ubuntu nano Raspbian nano WSL nano

nano

nanoエディタを起動する。

書式 nano [オプション] [ファイル名]

● 主なオプション

オプション	説明
-i, --autoindent	自動インデントを有効にする
-m, --mouse	マウスサポートを有効にする（クリックした箇所にカーソル移動）
-w, --nowrap	長い行を右端で折り返さない
-v, --view	読み取り専用モードで開く

nanoエディタを起動して指定したファイルを開きます。ファイルが指定されなかった時は新規ファイルを開きます。nanoエディタはUbuntuなどのCUI環境では標準のエディタです。vi/vimエディタよりも操作がしやすいように作られています。

● nanoエディタの主な操作

キー操作	説明
Ctrl + G	ヘルプを表示する
Ctrl + O	変更を保存する
Ctrl + C	現在のカーソル位置を表示する
Ctrl + W	文字列を検索する
Ctrl + L	画面をリフレッシュ（再描画）する
Ctrl + X	nanoエディタを終了する
Ctrl + Y	前のページに移動する
Ctrl + V	次のページに移動する
Ctrl + A	カーソルのある行の先頭に移動する
Ctrl + E	カーソルのある行の末尾に移動する
Ctrl + W、Ctrl + T	指定した行番号に移動する
Alt + /	ファイルの末尾に移動する
Alt + ¥	ファイルの先頭へ移動する
Ctrl + K	カーソルのある行をカットする
Alt + ^	カーソルのある行をコピーする
Ctrl + U	カット（コピー）した文字列を貼り付ける

CentOS nmap-ncat Ubuntu netcat-openbsd Raspbian netcat-openbsd WSL netcat-openbsd

nc

★☆☆

TCP/UDPを使ったネットワーク通信を行う。

書式 nc [オプション] [ホスト名またはIPアドレス] [ポート番号]

●主なオプション

-4	IPv4アドレスのみを利用する
-6	IPv6アドレスのみを利用する
-p ポート	接続元のポート番号を指定する
-n	名前解決を行わない
-l, --listen	接続を待ち受ける
-u	TCPの代わりにUDPを使用する
-v	詳細に出力する
-z	ポートスキャンを実施する

TCP/UDPを使ったネットワーク通信を行うコマンドです（NetCatの意）。telnetコマンドと同様にサーバーへ接続したり、ポートスキャンを実施したりすることができます。

実行例 ローカルホストの25番ポートに接続する

```
$ nc localhost 25
220 ubuntu.example.com ESMTP Postfix (Ubuntu)   ← メールサーバーの応答（SMTP）
```

実行例 1番から25番ポートまでをTCPポートスキャンする

```
$ nc -vz 192.168.1.33 1-25
nc: connect to 192.168.1.33 port 1 (tcp) failed: Connection refused
nc: connect to 192.168.1.33 port 2 (tcp) failed: Connection refused
（省略）
Connection to 192.168.1.33 25 port [tcp/smtp] succeeded!
```

ncコマンドを使うと、簡単なクライアント・サーバーも体験できます。サーバー側ではポート番号を指定して待ち受けます。

実行例 1234番ポートで待ち受ける

```
$ nc -l 1234   ← 接続があるまで待ち受ける
test   ← 受け取った文字列を表示して終了する
```

クライアント側では、待ち受けているポートに対して何か文字列を送ってみます。

実行例 1234番ポート宛に文字列を送る

```
$ echo "test" | nc localhost 1234
```

netstat

ネットワークの状況を表示する。

書式 netstat ［オプション］

●主なオプション

-a, --all	すべてのポートを表示する
-l, --listening	待ち受けている（リッスンしている）ポートを表示する
-t, --tcp	TCPの情報を表示する
-u, --udp	UDPの情報を表示する
-n, --numeric	名前解決せずに数値のまま表示する
-p, --programs	PIDやプロセス名も表示する（root権限が必要）
-r, --routing	ルーティングテーブルを表示する
-c, --continuous	継続的に1秒ごとに表示する

ネットワーク機能に関するさまざまな情報を表示します。開いているポートを確認したり、ネットワークの統計情報を表示したりするのに使います。※1

実行例 開いているTCPポートを表示する

```
$ netstat -lt↵
稼働中のインターネット接続 (サーバーのみ)
Proto 受信-Q 送信-Q 内部アドレス          外部アドレス          状態
tcp        0      0 localhost:mysql     *:*                   LISTEN
tcp        0      0 *:ssh               *:*                   LISTEN
tcp        0      0 localhost:ipp       *:*                   LISTEN
tcp        0      0 *:smtp              *:*                   LISTEN
tcp6       0      0 [::]:http           [::]:*                LISTEN
tcp6       0      0 [::]:ssh            [::]:*                LISTEN
tcp6       0      0 localhost:ipp       [::]:*                LISTEN
tcp6       0      0 [::]:smtp           [::]:*                LISTEN
tcp6       0      0 [::]:https          [::]:*                LISTEN
```

関連コマンド ss

※1 netstatコマンドは将来使われなくなる見込みなので、ssコマンドを使った方がよいでしょう。

CentOS coreutils Ubuntu coreutils Raspbian coreutils WSL coreutils

nice

★★

プロセスの優先度を変更してコマンドを実行する。

書式 nice [オプション] コマンド

● 主なオプション

-n nice値	優先度をnice値で指定する（-20〜19）

実行優先度を変更してコマンドを実行します。Linuxでは、プロセスに実行優先度が付けられています。nice値を指定することによって実行優先度を変えることができます。nice値は-20から19までの整数で、数値が小さいほど高い優先度を表します（もっとも高い優先度は-20）。

実行例 ナイス値を5に指定してvmstatコマンドを実行する

```
$ nice -n 5 vmstat 3 > vmstat.log &↵
$ ps -o pid,comm,user,nice,priority↵
  PID COMMAND          USER      NI  PRI
13827 bash             centuser   0   20
14129 vmstat           centuser   5   25
14138 ps               centuser   0   20
```

- 1行目：バックグラウンドでvmstatコマンドを実行する
- 2行目：psコマンドでナイス値と優先度が表示される書式を指定する
- 14129 vmstat の行：ナイス値は5で、他より5だけ低い優先度で動いている

ナイス値に負数を指定できるのはrootユーザーのみです。一般ユーザーは、より高い優先度に変更することはできません（エラーになりますが指定したコマンドは実行されます）。

実行例 ナイス値を-20に指定してvmstatコマンドを実行する

```
# nice -n -20 vmstat 3 > vmstat.log↵
```

関連コマンド renice

nkf

★★

文字コードを変換する。

書式 nkf [オプション] [入力ファイル名]

● 主なオプション

-g, --guess	文字コードを調べる
-j	JISで出力する
-e	EUC-JPで出力する
-s	ShiftJISで出力する
-w, -w80	UTF-8で出力する（BOMなし）
-w8	UTF-8で出力する
-w16	UTF-16で出力する
-m0	MIMEを解読しない
-mB	MIME Base64でエンコードされたデータを解読する
-mQ	MIME Quotedでエンコードされたデータを解読する
-M	MIMEに変換する（ヘッダ形式）
-MB	MIME Base64に変換する
-MQ	MIME Quotedに変換する
-J	入力される文字コードをISO-2022-JPと仮定する
-E	入力される文字コードをEUC-JPと仮定する
-S	入力される文字コードをShiftJISと仮定する
-W, -W8	入力される文字コードをUTF-8と仮定する
-W16	入力される文字コードをUTF-16と仮定する
-x	半角カナ（JIS X 0201片仮名）を全角カナ（JIS X 2028片仮名）に変換しない
-X	半角カナ（JIS X 0201片仮名）を全角カナ（JIS X 2028片仮名）に変換する
-Lu	改行コードをUNIX式（LF）に変更する
-Lm	改行コードをmacOS式（CR）に変更する
-Lw	改行コードをWindows式（CR+LF）に変更する

指定したファイルを標準入力から読み取り、文字コードを変換して標準出力に出力します。文字コードは自動的に判定されます。文字コードが不明のファイルを調べるのにも役立ちます。

実行例 sample.txtファイルの文字コードを調べる

```
$ nkf -g sample.txt↵
EUC-JP
```

実行例 sample.txtファイルをUTF-8に変換してsample.utf8.txtとして保存する

```
$ nkf -w sample.txt > sample.utf8.txt↵
```

関連コマンド iconv

CentOS nmap Ubuntu nmap Raspbian nmap WSL nmap

nmap

★★

ポートスキャンを実施する。

書式 nmap [オプション] ターゲットホスト

● 主なオプション

-O	OSを推定する
-sT	TCPスキャンを実施する
-sU	UDPスキャンを実施する
-sS	TCP SYNスキャンを実施する
-sF	TCP FINスキャンを実施する
-sN	NULLスキャンを実施する
-sX	Xmasツリースキャンを実施する
-sR	RPCスキャンを実施する

指定したホストに対してポートスキャンを実施し、開いているポートの情報から、どのようなサービスが稼働しているかを調査します。ポートスキャンは攻撃の準備（予備調査）としても行われるため、自身の管理するホスト以外に対しては実施しないようにしてください。

実行例 192.168.1.33のホストに対してTCP SYNスキャンを実施する

```
# nmap -sS 192.168.1.33

Starting Nmap 6.40 ( http://nmap.org ) at 2017-12-10 04:36 JST
Nmap scan report for 192.168.1.33
Host is up (0.0013s latency).
Not shown: 997 closed ports
PORT    STATE SERVICE
25/tcp  open  smtp
80/tcp  open  http
443/tcp open  https
MAC Address: 00:23:54:69:BC:F8 (Asustek Computer)

Nmap done: 1 IP address (1 host up) scanned in 0.13 seconds
```

関連コマンド netstat | ss

nmcli

NetworkManagerでネットワークを設定する。

書式 nmcli オブジェクト [コマンド]

● オブジェクトと主なコマンド

オブジェクト	コマンド	説明
general	status	NetworkManagerの状態を表示する
	hostname	ホスト名を表示する
	hostname ホスト名	指定したホスト名に変更する
networking	on | off	ネットワークを有効（または無効）にする
	connectivity [check]	ネットワークの状態を表示する（checkを指定すると再確認する）
radio	wifi	Wi-Fiの状態を表示する
	wifi on | off	Wi-Fi接続を有効（または無効）にする
	wwan	モバイルブロードバンドの状態を表示する
	wwan on | off	モバイルブロードバンド接続を有効（または無効）にする
	all on | off	すべての無線接続を有効（または無効）にする
connection	show [--active]	接続情報を表示する（--activeが指定されればアクティブな接続のみ）
	modify インターフェイス名 パラメータ	指定した接続を設定する
	up ID	接続を有効にする
	down ID	接続を無効にする
device	status	デバイスの状態を表示する
	show インターフェイス名	指定したデバイスの情報を表示する
	modify インターフェイス名 パラメータ	指定したデバイスを設定する
	connect インターフェイス名	指定したデバイスを接続する
	disconnect インターフェイス名	指定したデバイスを切断する
	delete インターフェイス名	指定したデバイスを削除する
	monitor インターフェイス名	指定したデバイスをモニタする
	wifi list	Wi-Fiアクセスポイントを表示する
	wifi connect SSID	Wi-Fiアクセスポイントに接続する
	wifi hotspot	Wi-Fiホットスポットを作成する
	wifi rescan	Wi-Fiアクセスポイントを再検索する

最近のディストリビューションでは、ネットワークを管理するサブシステムとしてNetworkManagerが導入されています。nmcliは、コマンドラインでNetworkManagerを操作するコマンドです。ネットワーク設定を行ったり、接続を管理したり、状態を確認したりするために使います。引数で指定するオブジェクトは操作対象のカテゴリです。NetworkManagerの状態や操作一般を扱うgeneral、ネットワーク管理全般を扱うnetworking、無線ネットワークを扱うradio、接続を扱うconnection、デバイスを扱うdeviceなどがあります。オブジェクト名は省略できます（networkingを"n"など）。変更を伴う操作はroot権限が必要ですが、参照するだけであれば一般ユーザーでも実行できます。

実行例 NetworkManagerの状態を表示する

```
$ nmcli general status↵
状態      接続性  WIFI ハードウェア  WIFI  WWAN ハードウェア  WWAN
接続済み  完全    有効               有効  有効               有効
```

実行例 ホスト名を「centos」に変更する

```
# nmcli general hostname centos↵
```

実行例 Wi-Fiを無効にする

```
# nmcli radio wifi off↵
```

実行例 接続を表示する

```
# nmcli connection show↵
名前       UUID                                  タイプ           デバイス
ethenet1   a2d13664-8b78-4e3f-b261-1270e5914ba8  802-3-ethernet   --
windsor    f64a615e-6cdc-4567-b4dc-3ccf4f0e6475  802-11-wireless  --
```

実行例 接続eth1を追加する

```
# nmcli connection add type ethernet ifname enp0s3 con-name eth1↵
接続 'eth1' (dd0d9c02-964e-4871-9118-b187e6be11ad) が正常に追加されました。
```

実行例 接続eth1のIPアドレスを手動で設定する

```
# nmcli connection modify eth1 ipv4.method manual ipv4.addresses
192.168.1.33/24 ipv4.gateway 192.168.1.1 ipv4.dns 192.168.1.1↵
```

実行例 接続eth1のIPv4アドレスをDHCPで設定する

```
# nmcli connection modify eth1 ipv4.method auto↵
```

実行例 インターフェイスenp0s3のIPv6アドレスを手動で設定する

```
# nmcli dev modify enp0s3 ipv6.address fe80::75f5:1c39:17c1:aac6↵
```

実行例 周辺のSSIDを表示する

```
$ nmcli device wifi list↵
* SSID     モード   CHAN  レート      信号  バー  セキュリティ
  windsor  インフラ  10    54 Mbit/s  34    ??__  WPA1
(以下省略)
```

関連コマンド nmtui

CentOS NetworkManager-tui　Ubuntu network-manager　Raspbian network-manager

nmtui ★

NetworkManagerを操作する。

書式 nmtui

nmtuiは、NetworkManagerの主な設定、操作をテキストベースのインターフェイスで行えるコマンドです。GUI環境が入っていないシステムでも擬似的なGUIで操作できます。詳細な設定が必要な場合はnmcliコマンドを使ってください。

● nmtuiコマンドの実行例

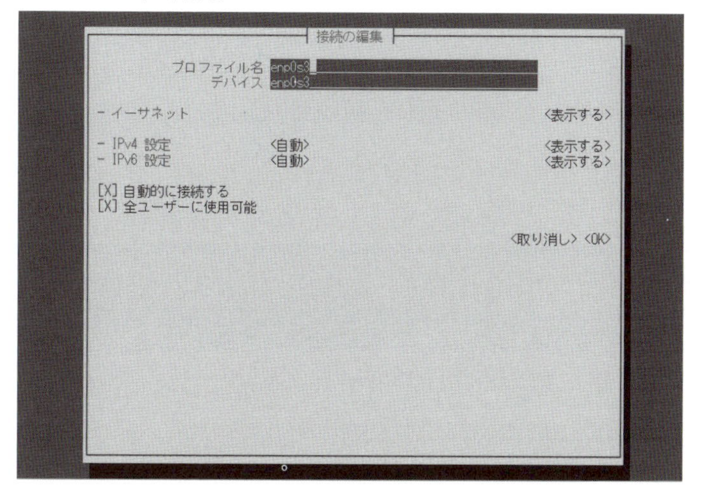

Tab キーやカーソルキーでカーソルを移動し、Enter キーで決定します。

関連コマンド nmcli

CentOS coreutils Ubuntu coreutils Raspbian coreutils WSL coreutils

nohup

ログアウトしてもコマンドを実行し続けるよう指定する。

書式 nohup コマンド &

コマンドをバックグラウンドで実行中にログアウトすると、そのプロセスにはHUPシグナルが送られ、終了します。nohupコマンドを使うと、ログアウト後にもコマンドを実行させ続けることができます。例えば、処理に時間がかかるコマンドを実行していても、席を外すためにログアウトすることができます。

実行例 wgetコマンドをログアウト後も実行させ続ける

```
$ nohup wget &
```

ログアウト後も実行させたいコマンドは「&」を付けてバックグラウンドで実行させておきます。

CentOS ntpdate Ubuntu ntpdate Raspbian ntpdate

ntpdate

NTPサーバーから正確な時刻を取得する。

書式 ntpdate [オプション] NTPサーバー

● 主なオプション

-q	NTPサーバーに時刻を問い合わせるだけで時刻は調整しない
-s	情報をsyslogに出力する

NTP (Network Time Protocol) は、ネットワーク経由で正確な時刻を同期させるプロトコルです。ntpdateコマンドは、指定したNTPサーバーから正確な時刻を取得し、システムクロックを更新します。

実行例 asia.pool.ntp.orgから正確な時刻を取得する

```
# ntpdate asia.pool.ntp.org
```

関連コマンド ntpq

ntpq

ntpdの状態を確認する。

書式 ntpq [オプション]

● 主なオプション

-n	名前解決を行わずIPアドレスで表示する
-p	同期を取っているNTPサーバーのリストと状態を表示する

ntpdはNTPを使って時刻を同期するデーモンプログラムです。ntpqコマンドは、ntpdが同期を取っているNTPサーバーのリストと状態を表示します。

実行例 同期を取っているNTPサーバーのリストと状態を表示する

```
$ ntpq -p
     remote           refid      st t when poll reach   delay   offset  jitter
==============================================================================
+y.ns.gin.ntt.ne 249.224.99.213   2 u   19   64    3    4.361   -1.219   4.058
+sv1.localdomain 133.243.238.163  2 u   16   64    3    3.647   -0.725   3.707
*s97.GchibaFL4.v 133.243.238.164  2 u   16   64    3    8.642   -1.458   3.129
(以下省略)
```

● 主な出力項目

出力項目	説明
*	同期用に選ばれたNTPサーバー
+	同期候補のNTPサーバー
#	同期候補だが距離の遠いNTPサーバー
remote	NTPサーバーのホスト名
refid	参照ID(IPアドレス)
st	NTPサーバーの階層(stratum)
t	タイプ(l:ローカル、u:ユニキャスト、m:マルチキャスト、b:ブロードキャスト)
when	パケットを最後に受信した時間(秒)
poll	ポーリング間隔(秒)
reach	到達可能性
delay	推定遅延(ミリ秒)
offset	オフセット補正(ミリ秒)
jitter	分散(ミリ秒)

関連コマンド ntpdate

CentOS coreutils Ubuntu coreutils Raspbian coreutils WSL coreutils

od

ファイルの内容を8進数や16進数で表示する。

書式 od [オプション] [ファイル名]

● 主なオプション

-A 形式, --address-radix=形式	ファイルオフセット（アドレス）の表示形式を指定する（d：10進数、o：8進数、x：16進数、n：なし）
-t 形式, --format=形式	出力フォーマットを指定する

ファイルの内容を指定した形式（デフォルトは8進数）で出力します。バイナリファイルの分析などに使います。出力形式は次の表から指定します。または「-t x2」を「-x」のように旧オプションで指定してもかまいません。

● 主な形式

形式	説明	旧オプション
a	文字名	-a
o1	8進数	-b
c	文字	-c
dI	10進整数	-i
x2	16進数2バイト	-x
d2	10進数2バイト	-s
o2	8進数2バイト	-o

実行例 /bin/catの内容を8進数で出力する

```
$ od /bin/cat
0000000 042577 043114 000401 000001 000000 000000 000000 000000
0000020 000002 000003 000001 000000 117150 004004 000064 000000
(以下省略)
```

実行例 /bin/catの内容を16進数で出力する

```
$ od -t x /bin/cat
0000000 464c457f 00010101 00000000 00000000
0000020 00030002 00000001 08049e68 00000034
(以下省略)
```

関連コマンド hexdump

CentOS parted Ubuntu parted Raspbian parted

parted

パーティションを操作する。

書式 parted デバイスファイル名
parted [オプション] [デバイスファイル名 [サブコマンド [オプション]]]

● 主なオプション

-l, --list	パーティション構成を表示する
-s, --script	対話的なプロンプトを出さない

● サブコマンド

mklabel ラベル	ラベルを作成する（gtp/msdos/loop/bsd/macなど）
mkpart パーティションの種類 [ファイルシステムの種類] 開始 終了	指定した種類（primary/extended/logical）のパーティションを作成する
rm パーティション番号	指定したパーティションを削除する
print, p	パーティションテーブルを表示する
quit, q	partedを終了する
select デバイスファイル名	操作対象とするデバイスを指定する（/dev/sdbなど）
set パーティション番号 フラグ 状態	フラグ（boot/root/swapなど）と状態（on/off）を指定する
unit 単位	デフォルトの単位を指定する（TB/TiB/GB/GiB/MB/MiB）
help [サブコマンド]	サブコマンドの説明を表示する

パーティションを作成したり削除したりします。2TBを越えるパーティションはfdiskコマンドではなくpartedコマンドgdiskコマンドを使います。

partedコマンドは、対話的にサブコマンドを実行する方法※1と、サブコマンドを指定してコマンドラインで非対話的に実行する方法があります。

実行例 現在のパーティション構成を表示する

```
# parted -l
モデル: ATA VBOX HARDDISK (scsi)
ディスク /dev/sda: 34.4GB
セクタサイズ (論理/物理): 512B/512B
パーティションテーブル: msdos
ディスクフラグ:

番号  開始    終了    サイズ  タイプ   ファイルシステム  フラグ
 1    1049kB  1075MB  1074MB  primary  xfs               boot
 2    1075MB  3223MB  2149MB  primary  linux-swap(v1)
```

※1 実行したサブコマンドはすぐに反映されますので注意して操作してください。

```
 3    3223MB  14.0GB  10.7GB  primary  xfs

モデル: ATA VBOX HARDDISK (scsi)
ディスク /dev/sdb: 8590MB
セクタサイズ (論理/物理): 512B/512B
パーティションテーブル: gpt
ディスクフラグ:

番号  開始    終了    サイズ  ファイルシステム  名前     フラグ
 1    1049kB  1000MB  999MB                     primary
```

実行例

```
# parted /dev/sdb↵
GNU Parted 3.1
/dev/sdb を使用
GNU Parted へようこそ! コマンド一覧を見るには 'help' と入力してください。
(parted) mkpart primary 0% 20%↵ ←基本パーティションを0%から20%の範囲で作成する
(parted) p↵ ←パーティションテーブルを表示する
(省略)

番号  開始    終了    サイズ  ファイルシステム  名前     フラグ
 1    1049kB  1718MB  1717MB                    primary

(parted) quit↵ ←終了する
```

実行例 unitサブコマンドの説明を表示し、デフォルトの単位をGBに指定する

```
(parted) help unit↵
  unit UNIT                              デフォルトの単位を UNIT にする

        UNIT は次のうちから選びます: s, B, kB, MB, GB, TB, compact, cyl, chs,
%, kiB, MiB, GiB, TiB
(parted) unit GB↵ ←単位をGBにする
```

実行例 論理パーティションを追加する

```
(parted) p↵ ←パーティションテーブルを表示する
(省略)

番号  開始    終了    サイズ  ファイルシステム  名前     フラグ
 1    0.00GB  1.72GB  1.72GB  ext4              primary

(parted) mkpart logical 1.72GB 2.50GB↵ ←論理パーティションを1.72GBから2.50GBの範囲で作成する
```

```
(parted) p↵  ← パーティションテーブルを表示する
(省略)

番号  開始    終了    サイズ  ファイルシステム  名前    フラグ
 1    0.00GB  1.72GB  1.72GB  ext4                primary
 2    1.72GB  2.50GB  0.78GB                      logical ← 論理パーティションが追加された
```

実行例 非対話的にmkpartサブコマンドを実行し論理パーティションを追加する

```
# parted /dev/sdb mkpart logical 2.50GB 3.00GB↵
```

関連コマンド fdisk | gdisk

パーティション作成後は、mkfsコマンドなどを使ってファイルシステムを作成します。

コラム パーティション

旧来のMBRを使ったパーティションテーブルでは、1つのディスクを最大4つのプライマリパーティション（基本パーティション）に分割し、そのうち1つを拡張パーティションとし、拡張パーティション内に複数の論理パーティションを作成できます。UEFIで使用可能なGUIDパーティションテーブル（GPT）では、最大128のプライマリパーティションを作成できます。

CentOS passwd　Ubuntu passwd　Raspbian passwd　WSL passwd

passwd

★★★

パスワードを設定する。

書式 passwd [オプション] [ユーザー名]

● 主なオプション

-d, --delete	指定したユーザーのパスワードを削除する
-S, --status	アカウントの状態を表示する
-l, --lock	アカウントをロックする
-u, --unlock	アカウントのロックを解除する
--stdin	パスワードを標準入力から受け付ける（CentOSのみ）

ユーザーのパスワードを設定します。一般ユーザーは自分自身のパスワードのみ変更できます。rootユーザーは全ユーザーのパスワードを変更できます。一般ユーザーは最初に現在のパスワードを入力する必要がありますが、rootユーザーの場合は不要です。覗き見られることを防ぐため、パスワードは画面上には表示されません。

パスワードは、英数字および記号を組み合わせた複雑なものが推奨されます。英単語に基づいていたり、短すぎたりする単純なパスワードは、新しいパスワードとして拒否されます（rootユーザーの場合は問われません）。

実行例 自分のパスワードを変更する

```
$ passwd
north 用にパスワードを変更中
現在の UNIX パスワード：          ← 現在のパスワードを入力
新しい UNIX パスワードを入力してください：          ← 新しいパスワードを入力
新しい UNIX パスワードを再入力してください：          ← 新しいパスワードを再入力
passwd: password updated successfully
```

実行例 northユーザーのパスワードを変更する

```
# passwd north          ← 現在のパスワードは問われない
新しい UNIX パスワードを入力してください：          ← 新しいパスワードを入力
新しい UNIX パスワードを再入力してください：          ← 新しいパスワードを再入力
passwd: password updated successfully
```

実行例 cockatielユーザーのパスワードを「P@ssw0rd」に設定する

```
# echo "P@ssw0rd" | passwd --stdin cockatiel
Changing password for user cockatiel.
passwd: all authentication tokens updated successfully.
```

関連コマンド chage | vipw

CentOS coreutils Ubuntu coreutils Raspbian coreutils WSL coreutils

paste

★☆☆

複数のファイルを水平方向に連結する。

書式 paste ［オプション］ ファイル名1 ファイル名2 ...

● 主なオプション

-d 文字	区切り文字（デリミタ）を指定する（デフォルトはタブ）

1つ以上のファイルを読み込んで、それぞれの行を水平方向に連結します。連結する際の区切り文字（デリミタ）は、デフォルトではタブとなっています。

実行例 sample1.txtとsample2.txtを区切り文字「:」で連結する

```
$ cat sample1.txt
01
02
$ cat sample2.txt
aaaa
bbbb
$ paste -d":" sample1.txt sample2.txt
```

```
01:aaaa
02:bbbb
$ paste  sample1.txt sample2.txt⏎
01      aaaa
02      bbbb
```
← デフォルトではタブで連結される

関連コマンド join

CentOS patch Ubuntu patch Raspbian patch WSL patch

patch

★☆☆

差分を適用する。

書式 patch -p数値 < パッチファイル名
patch [オプション] [元ファイル名[パッチファイル名]]

● 主なオプション

オプション	説明
-b, --backup	パッチ適用前の元ファイルを「〜.orig」としてバックアップする
-d ディレクトリ名, --directory=ディレクトリ名	最初に指定したディレクトリに移動する
-p数値, --strip=数値	パッチファイル内のパス名を修正して適用する -p0：パス名を修正しない（例：tmp/src/patch） -p1：最初の「/」まで削除する（例：src/patch） -p2：次のディレクトリまで削除する（例：patch）
-R, --reverse	パッチの適用を取り消して元に戻す
--dry-run	パッチを適用した時の結果を表示するが何も変更しない

ソフトウェアのソースコードは日々新しくバージョンアップします。古いファイルに対し変更を適用してバージョンアップさせることを「パッチを適用する」「パッチを当てる」といいます。新旧ファイルの差分をパッチファイルといい、diffコマンドによって作成されます。patchコマンドは、パッチファイルを旧ファイルに適用して新しい内容に更新します。

パッチファイルが作成された環境と、パッチを適用する環境とでは、ディレクトリ構成が異なる場合があります。その場合、パッチファイル内に記載されているパスとパッチの適用環境でのパスが異なることになり、うまくパッチが適用できません。そのような際には-pオプションを使ってパスを適切に設定します。

実行例 ソースコードを配置したディレクトリで、その親ディレクトリにあるパッチファイルsoftware.patchを適用する

```
$ patch -p1 < ../software.patch⏎
```

実行例 圧縮されたパッチファイルを解凍し、適用する

```
$ gunzip -c ../software.patch.gz | patch -p1⏎
```

実行例 パッチの適用を取り消す

```
$ patch -Rp1 < ../software.patch⏎
```

関連コマンド diff

CentOS postgresql Ubuntu postgresql-client-common Raspbian postgresql-client-common

pg_dump

★

PostgreSQLデータベースを出力する。

書式 pg_dump [オプション] [データベース名]

● 主なオプション

-h ホスト名, --hostname=ホスト	接続先ホストを指定する
-U ユーザー名, --username=ユーザー	接続するユーザー名を指定する
-p ポート番号, --port=ポート	ポート番号を指定する（デフォルトは5432番）
-d データベース名, --dbname=データベース名	接続するデータベース名を指定する
-a, --data-only	データのみダンプし定義は出力しない
-b, --blobqs	ラージオブジェクトもダンプする
-f ファイル名, --file=ファイル名	指定したファイルにダンプする
-s, --schema-only	データは含めずデータベースの定義（スキーマ）だけダンプする

PostgreSQLのデータベースをファイルに出力（ダンプ）します。データベースのバックアップ作成に利用します。標準出力にダンプされるので、-fオプションを使って指定したファイルに保存します。出力されるファイルはSQLで構成されたテキストファイルです。データベースにリストアする際はpysqlコマンドを使います。

実行例 dbuserユーザーとしてsampledbデータベースをsampledb.txtファイルにバックアップする

```
$ pg_dump -U dbuser sampledb -f sampledb.txt⏎
```

関連コマンド psql

pgrep

★

プロセス名からPIDを調べる。

書式 pgrep [オプション] キーワード

● 主なオプション

-a, --list-full	PIDに加えてコマンドラインも表示する
-l, --list-name	PIDに加えてプロセス名も表示する
-t TTY, --terminal TTY	制御端末がTTYであるプロセスを表示する
-u EUID, --euid EUID	指定した実効ユーザーIDにマッチしたプロセスを表示する
-U UID, --uid UID	指定した実ユーザーIDにマッチしたプロセスを表示する

指定したプロセス名からPIDを調べて表示します。また、ユーザーや制御端末を指定してPIDを検索することもできます。

実行例 postgresプロセスのPIDとプロセス名を表示する

```
$ pgrep -l postgres
30930 postgres
30932 postgres
30933 postgres
30934 postgres
30935 postgres
30936 postgres
```

実行例 仮想端末pts/0から起動しているプロセスのPIDを表示する

```
$ pgrep -t pts/0
2936
```

関連コマンド ps | pidof | pkill

CentOS sysvinit-tools Ubuntu sysvinit-utils Raspbian sysvinit-utils WSL sysvinit-utils

pidof

★☆☆

プロセスのPIDを表示する。

書式 pidof プロセス名

指定したプロセスのPIDを表示します。同じプロセス名のプロセスが複数存在する場合はすべてのPIDを列挙します。

実行例 postgresプロセスのPIDを表示する

```
$ pidof postgres
30936 30935 30934 30933 30932 30930
```

関連コマンド pgrep | ps

CentOS iputils Ubuntu iputils-ping Raspbian iputils-ping WSL iputils-ping

ping/ping6

★★★

ネットワークの疎通確認をする。

書式 ping [オプション] ホスト名/IPアドレス

●主なオプション

-b	ブロードキャストアドレス宛にICMPパケットを送信する
-c 回数	指定した回数だけICMPパケットを送信する
-n	名前解決を行わない（ホスト名ではなくIPアドレスで表示する）

宛先ホストに対してICMP Echo Requestパケットを送信します。ICMP Echo Requestパケットを受け取ったホストは、ICMP Echo Replyパケットを返します（セキュリティ上の理由などで応答しない場合もあります）。宛先ホストからICMP Echo Replyパケットが返ってきたら、そのホストまでネットワークがつながっていて、宛先ホストも稼働している、ということがわかります。

デフォルトでは、宛先ホストにICMPパケットを送り続けますので、Ctrl+Cで停止します。

実行例 192.168.1.33のホストにICMPパケットを送信する

```
$ ping 192.168.1.33
PING 192.168.1.33 (192.168.1.33) 56(84) bytes of data.
64 bytes from 192.168.1.33: icmp_seq=1 ttl=64 time=2.28 ms
64 bytes from 192.168.1.33: icmp_seq=2 ttl=64 time=1.15 ms
64 bytes from 192.168.1.33: icmp_seq=3 ttl=64 time=1.04 ms
64 bytes from 192.168.1.33: icmp_seq=4 ttl=64 time=1.21 ms
64 bytes from 192.168.1.33: icmp_seq=5 ttl=64 time=1.30 ms
```

```
^C ← Ctrl+C を押す
--- 192.168.1.33 ping statistics ---
5 packets transmitted, 5 received, 0% packet loss, time 4003ms
rtt min/avg/max/mdev = 1.042/1.399/2.280/0.448 ms
```

実行例 ICMPパケットを4回だけ送信する

```
$ ping -c 4 192.168.1.33
PING 192.168.1.33 (192.168.1.33) 56(84) bytes of data.
64 bytes from 192.168.1.33: icmp_seq=1 ttl=64 time=1.13 ms
64 bytes from 192.168.1.33: icmp_seq=2 ttl=64 time=1.39 ms
64 bytes from 192.168.1.33: icmp_seq=3 ttl=64 time=1.23 ms
64 bytes from 192.168.1.33: icmp_seq=4 ttl=64 time=1.13 ms

--- 192.168.1.33 ping statistics ---
4 packets transmitted, 4 received, 0% packet loss, time 3002ms
rtt min/avg/max/mdev = 1.134/1.225/1.393/0.105 ms
```

IPv6の場合はping6コマンドを使います。

実行例 IPv6アドレス宛にICMPパケットを送信する

```
$ ping6 fe80::223:54ff:fe69:bcf8
PING fe80::223:54ff:fe69:bcf8(fe80::223:54ff:fe69:bcf8) 56 data bytes
64 bytes from fe80::223:54ff:fe69:bcf8: icmp_seq=2 ttl=64 time=2.50 ms
64 bytes from fe80::223:54ff:fe69:bcf8: icmp_seq=3 ttl=64 time=1.28 ms
(以下省略)
```

CentOS python-pip Ubuntu python-pip Raspbian python-pip WSL python-pip

pip/pip3

Pythonパッケージを管理する。

書式 pip [サブコマンド] [オプション]

● 主なオプション

-V, --version	バージョンを表示する

● サブコマンド

install パッケージ名	指定したパッケージをインストールする
install --upgrade パッケージ名	指定したパッケージを最新版にアップグレードする
download パッケージ名	指定したパッケージをダウンロードする
uninstall パッケージ名	指定したパッケージをアンインストールする
freeze	インストール済みパッケージとバージョンを一覧表示する

list	インストール済みパッケージを一覧表示する
list --outdated	インストール済みパッケージで最新ではないものを一覧表示する
search キーワード	指定したキーワードでパッケージを検索する
show パッケージ名	インストール済みパッケージの情報を表示する
check	インストール済みパッケージの依存関係をチェックする
help	ヘルプを表示する

PyPI (Python Package Index：https://pypi.python.org/pypi) で管理されているサードパーティ製のPythonパッケージをインストールしたりアップデートしたりします。依存関係にあるパッケージも自動的にインストールされます。Python環境におけるaptコマンド・yumコマンドのような存在です。Python 3.4以降はPythonをインストールすると自動的に利用可能となりますが、それ以前ではpython-pip (またはpython3-pip) パッケージをインストールする必要があります※2。環境により、Python 3系ではpip3コマンドを使う場合があります。

実行例 tensorflowパッケージをインストールする

```
$ pip install tensorflow↵
```

実行例 Mastodon.pyパッケージのバージョン1.0.7をインストールする

```
$ pip install Mastodon.py==1.0.7↵
```

実行例 インストール済みパッケージとバージョンを確認する↵

```
$ pip freeze↵
```

実行例 pip自身を最新版にアップグレードする

```
$ pip install --upgrade pip↵
```

CentOS procps-ng Ubuntu procps Raspbian procps WSL procps

pkill

指定したプロセスにシグナルを送信する。

書式 pkill [オプション] [-シグナル] プロセス名

● 主なオプション

-u 実効ユーザー	実効ユーザーを指定する
-U 実ユーザー	実ユーザーを指定する

名前等で指定したプロセスにシグナルを送信します。デフォルトではTERMシグナルが送られます。同じ名前のプロセスが複数実行されている時は、すべてのプロセスに対して

※2 CentOS 7ではpython-pipパッケージはインストール必須です。

シグナルが送信されます。

実行例 vimプロセスを終了する

```
$ pkill vim↵
```

実行例 staffユーザーが実行しているtopプロセスを終了する

```
# pkill -U staff top↵
```

関連コマンド kill | killall | pidof | pgrep

CentOS Ubuntu Raspbian WSL bash組み込みコマンド

popd

★

ディレクトリスタックからディレクトリを削除する。

書式 popd [オプション]

● 主なオプション

-n	ディレクトリスタックから削除するがディレクトリの移動は行わない
-数字	指定した数番目のディレクトリをディレクトリスタックから削除する(0始まりで右から数える)
+数字	指定した数番目のディレクトリをディレクトリスタックから削除する(0始まりで左から数える)

ディレクトリスタックからディレクトリを削除し、そのディレクトリに移動します。実行例はpushdコマンドを参照してください。

関連コマンド cd | pushd | dirs

CentOS postfix Ubuntu postfix Raspbian postfix

postconf

★

Postfixの設定を表示・変更する。

書式 postconf [オプション]

● 主なオプション

-c ディレクトリ名	設定ファイルmain.cfのあるディレクトリを指定する
-n	デフォルト値から変更されたパラメータのみを表示する
-d	すべてのパラメータのデフォルト値を表示する
[-d]パラメータ名	指定したパラメータのデフォルト値を表示する
-e パラメータ名=値	設定ファイルmain.cfの、指定したパラメータの値を変更する
-h	値だけを出力する
-H	パラメータ名だけを出力する

Postfixの設定は設定ファイルmain.cfに「パラメータ名 = 値」の形式で記述されています。postconfコマンドは、設定を表示したり、指定したパラメータの値を編集したりします。引数を付けずに実行すると、すべてのパラメータのデフォルト値を表示します。

実行例 smtpd_use_tlsパラメータのデフォルト値を表示する

```
$ postconf -d smtpd_use_tls
smtpd_use_tls = no
```

実行例 myhostnameパラメータの値を「mail.example.com」に設定する

```
# postconf -e myhostname=mail.example.com
```

CentOS postfix　Ubuntu postfix　Raspbian postfix

postqueue

★☆☆

メールキューを操作する。

書式 postqueue [オプション]

● 主なオプション

-p	メールキューを表示する
-f	メールキュー内のメールをただちに配送する
-s サイト	指定したサイト宛のメールキュー内のメールをただちに配送する

送信待ちメールが格納されるメールキューを操作します。送信に失敗したメールもメールキューに入れられ、一定期間をおいて再送が試みられます。つまりメールキューに入っているメールは、送信されていないメールです。

実行例 メールキューを表示する

```
$ postqueue -p
-Queue ID-  --Size-- ----Arrival Time---- -Sender/Recipient-------
1EF96203D      2779 Sat Jan 20 04:03:04  centuser@example.com
(delivery temporarily suspended: connect to example.com[192.168.22.150]:25:
Connection refused)
                                         centuser@example.com
(以下省略)
```

関連コマンド mailq | postqueue

CentOS postfix Ubuntu postfix Raspbian postfix

postsuper ★

メールキューを管理する。

書式 postsuper [オプション]

● 主なオプション

-d キューID	指定したキューIDのメッセージを削除する。ALLを指定するとすべてのメッセージを削除する

メールキュー内のメッセージを削除するなど、メールキューの管理に使います。

実行例 キューIDが1EF96203Dのメールを削除する

```
# postsuper -d 1EF96203D
postsuper: Deleted: 1 messages
```

実行例 メールキューをすべて削除する

```
# postsuper -d ALL
postsuper: Deleted: 6 messages
```

関連コマンド postqueue | mailq

Ubuntu ppa-purge Raspbian ppa-purge WSL ppa-purge

ppa-purge ★

サードパーティのリポジトリ情報を削除する。

書式 ppa-purge リポジトリ

非公式のリポジトリPPA（Personal Package Archives）の情報を削除します。

実行例 LibreOfficeのリポジトリを削除する

```
# ppa-purge ppa:libreoffice/ppa
```

関連コマンド add-apt-repository

CentOS coreutils Ubuntu coreutils Raspbian coreutils WSL coreutils

printenv ★★

定義済みの環境変数を表示する。

書式 printenv [変数名]

設定済みの環境変数とその値を表示します。環境変数を指定すると、その変数だけを表示します。

実行例 環境変数SHELLの値を表示する

```
$ printenv SHELL
/bin/bash
```

実行例 変数名に「ssh」を含む環境変数を表示する

```
$ printenv | grep -i ssh
SSH_CLIENT=192.168.1.21 50580 22
SSH_TTY=/dev/pts/0
SSH_CONNECTION=192.168.1.21 50580 192.168.1.33 22
```

関連コマンド env

CentOS procps-ng Ubuntu procps Raspbian procps WSL procps

ps

プロセス情報を表示する。

書式 ps [オプション]

● 主なオプション

オプション	説明
-A, -e	すべてのプロセスを表示する
-a	制御端末のないプロセス以外のすべてのプロセスを表示する
a	端末のすべてのプロセスを表示する
e	環境変数も表示する
r	実行中のプロセスのみを表示する
x	制御端末のないプロセスも表示する
u	実行ユーザー名なども表示する
-l	詳細を表示する
-C コマンド名	指定したコマンドのプロセスを指定する
-p PID, p PID, --pid PID	PIDで指定したプロセスを表示する
U ユーザー, -u ユーザー, --user ユーザー	指定したユーザー（実効ユーザー）※3のプロセスを表示する※4

※3 実効ユーザーは、そのユーザーのファイルアクセス権がプロセスに適用されるユーザーです。一方、実ユーザーは、プロセスを生成した（コマンドを実行した）ユーザーです。

※4 ユーザーやグループは、ユーザー名（グループ名）またはUID（GID）いずれでも指定できます。複数を指定する場合は「,」で区切って列挙します。

-U ユーザー	指定したユーザー（実ユーザー）のプロセスを表示する
-G グループ，--group グループ	指定したグループ（実グループ）のプロセスを表示する
-t 端末名，t 端末名，--tty 端末名	指定した端末と関連づけられているプロセスを表示する
-o フォーマット，o フォーマット，--format フォーマット	出力形式を指定する
--context	SELinuxのセキュリティコンテキストフォーマットで表示する

プロセスの情報を表示します。psコマンドのオプションは、「-」が付くもの（UNIXオプション）と付かないもの（BSDオプション）が混在していますので注意してください。例えば「a」と「-a」では意味が異なります。システムで実行されているすべてのプロセスを表示するには「ax」「-e」「-A」いずれかのオプションを指定します。

実行例 システムで実行されているすべてのプロセスを表示する

```
$ ps ax↵
  PID TTY      STAT   TIME COMMAND
    1 ?        Ss     0:16 /sbin/init
    2 ?        S      0:00 [kthreadd]
(以下省略)
```

実行例 システムで実行されているすべてのプロセスを実行ユーザー名なども含め表示する

```
$ ps aux↵
USER       PID %CPU %MEM    VSZ   RSS TTY      STAT START   TIME COMMAND
root         1  0.0  0.5   6684  5196 ?        Ss   12月09   0:16 /sbin/init
root         2  0.0  0.0      0     0 ?        S    12月09   0:00 [kthreadd]
(以下省略)
```

出力フォーマットは-oオプションで選択できます。

● フォーマットに指定できる主な文字列

フォーマット記述子	ヘッダ表示	説明
pid, %p	PID	プロセスID
ppid	PPID	親プロセスのPID
user, euser, %U	USER/EUSER	実効ユーザー名
ruser, %u	RUSER	実ユーザー名
euid	EUID	実効ユーザーID
comm, %c	COMMAND	コマンド名（実行ファイル名）
pcpu, %C	%CPU	CPU使用率
pmem	%MEM	メモリ使用率
vsz, %z	VSZ	仮想メモリの全サイズ（kバイト単位）
size	SIZE	メモリ上のサイズ（kバイト単位）
rss	RSS	常駐セットの大きさ
tty, %y	TTY	制御端末
stat	STAT	プロセスの状態
start	START/STARTED	プロセスの開始時間

time, %x	TIME	累積利用CPU時間
nice, %n	NI	ナイス値
priority	PRI	優先度

実行例 デフォルトの出力と同じフォーマットで表示する

```
$ ps ↵
  PID TTY          TIME CMD
  926 pts/0    00:00:00 bash
 1757 pts/0    00:00:00 ps
$ ps -o "%p %y %x %c" ↵
  PID TTY          TIME COMMAND
  926 pts/0    00:00:00 bash
 1758 pts/0    00:00:00 ps
$ ps -o pid,tty,time,comm ↵
  PID TT           TIME COMMAND
  926 pts/0    00:00:00 bash
 1760 pts/0    00:00:00 ps
```

STAT欄はプロセスの状態を示します。

● プロセスの状態

STAT欄	
R	実行状態・実行可能状態
S	割り込み可能なスリープ状態（イベントの完了待ち）
D	割り込み不可能なスリープ状態（通常はディスク入出力処理中）
X	プロセスは死んだ状態
Z	終了しているが親プロセスが存在しないため改修されず消滅していない（ゾンビ状態）
T	トレース中もしくは一時停止中
<	優先度の高いプロセス
N	優先度の低いプロセス
s	セッションリーダー
l	マルチスレッド化
+	フォアグラウンドのプロセスグループに含まれる

関連コマンド pstree | pgrep

CentOS postgresql Ubuntu Raspbian WSL postgresql-client-common

psql ★★

PostgreSQLデータベースサーバーに接続して操作する。

書式 psql [オプション] [データベース名]

● 主なオプション

-h ホスト名, --hostname=ホスト	接続先ホストを指定する
-U ユーザー名, --username=ユーザー	接続するユーザー名を指定する
-p ポート番号, --port=ポート	ポート番号を指定する(デフォルトは5432番)
-d データベース名, --dbname=データベース名	接続するデータベース名を指定する
-l, --list	データベースを一覧表示する
-V, --version	バージョンを表示する

PostgreSQLデータベースサーバーに接続するクライアントコマンドです。指定したユーザーで接続し、SQLを発行したり、メタコマンドを使って各種操作を行なったりします。

実行例 postgresユーザーとして接続する

```
$ psql -U postgres
psql (9.5.10)
Type "help" for help.

postgres=# CREATE ROLE dbuser WITH LOGIN PASSWORD 'P@ssw0rd'; ←ロールdbuserを作成
CREATE ROLE
postgres=# \du ←ロールを一覧表示
                                   List of roles
 Role name |                         Attributes                         | Member of
-----------+------------------------------------------------------------+-----------
 dbuser    |                                                            | {}
 pleroma   |                                                            | {}
 postgres  | Superuser, Create role, Create DB, Replication, Bypass RLS | {}

postgres-# \q ←終了する
----
```

P psql

実行例 データベースを一覧表示する

```
$ psql -U postgres -l↵
                                  List of databases
    Name    |  Owner   | Encoding | Collate | Ctype |   Access privileges
-----------+----------+----------+---------+-------+-----------------------
 postgres  | postgres | LATIN1   | en_US   | en_US |
 template0 | postgres | LATIN1   | en_US   | en_US | =c/postgres          +
           |          |          |         |       | postgres=CTc/postgres
 template1 | postgres | LATIN1   | en_US   | en_US | =c/postgres          +
           |          |          |         |       | postgres=CTc/postgres
(3 rows)
```

実行例 バックアップファイルsampledb.txtをsampledbデータベースにリストアする

```
$ psql -U postgres sampledb < sampledb.txt↵
```

● psqlのメタコマンド

メタコマンド	説明
\du	ロールを一覧表示する
\dt	テーブルを一覧表示する
\dv	ビューを一覧表示する
\z	権限を一覧表示する
\q	psqlを終了する

関連コマンド pg-dump | mysql

CentOS psmisc Ubuntu psmisc Raspbian psmisc WSL psmisc

pstree ★★

プロセスをツリー状に表示する。

書式 pstree [オプション] [PID | ユーザー]

● 主なオプション

-a, --arguments	コマンドライン引数を表示する
-p, --show-pids	PIDを表示する
-c, --compact	同じ内容のツリーを折りたたまずに表示する
-l, --long	末尾まで省略せずに表示する
-u, --uid-changes	ユーザーIDを表示する
-A, --ascii	ASCIIの罫線文字を使う
-G, --vt100	VT100端末の罫線文字を使う（デフォルト）
-Z	SELinuxのセキュリティコンテキストを表示する

プロセスをツリー状に表示します。つまり、プロセスの親子関係を明示します。PIDを指定すると、そのプロセスを起点として表示します。ユーザーを指定すると、そのユーザーのプロセスを起点とする表示します。

実行例 プロセスをツリー状に表示する

```
$ pstree
systemd-+-accounts-daemon-+-{gdbus}
        |                 `-{gmain}
        |-acpid
        |-agetty
        |-apache2---7*[apache2]  ← 同名のプロセスが複数存在するときは
（以下省略）                          このようにまとめて表示される
```

関連コマンド ps | pgrep

CentOS Ubuntu Raspbian WSL bash組み込みコマンド

pushd ★

ディレクトリをディレクトリスタックに追加する。

書式 pushd ［オプション］ ディレクトリ名

● 主なオプション

-n	ディレクトリは移動せず、指定したディレクトリをディレクトリスタックに追加するのみ
-数字	指定した数番目のディレクトリが先頭になるようディレクトリスタックを回転させる（0始まりで右から数える）
+数字	指定した数番目のディレクトリが先頭になるようディレクトリスタックを回転させる（0始まりで左から数える）

ディレクトリを記憶させておくディレクトリスタックに指定したディレクトリを追加し、指定したディレクトリに移動します。ディレクトリスタックはdirsコマンドで表示できます。ディレクトリスタックからディレクトリを取り出す（取り出したディレクトリに移動する）には、popdコマンドを使います。いくつかのディレクトリを移動しながら作業をするときに便利です。

実行例 ディレクトリスタックを利用して移動する

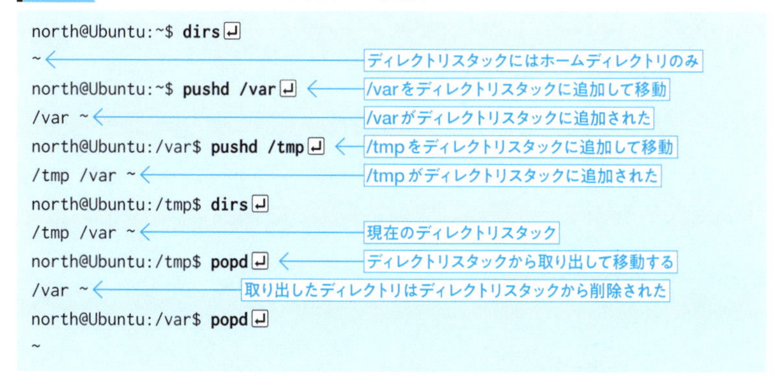

```
north@Ubuntu:~$ dirs
~                                  ← ディレクトリスタックにはホームディレクトリのみ
north@Ubuntu:~$ pushd /var         ← /varをディレクトリスタックに追加して移動
/var ~                             ← /varがディレクトリスタックに追加された
north@Ubuntu:/var$ pushd /tmp      ← /tmpをディレクトリスタックに追加して移動
/tmp /var ~                        ← /tmpがディレクトリスタックに追加された
north@Ubuntu:/tmp$ dirs
/tmp /var ~                        ← 現在のディレクトリスタック
north@Ubuntu:/tmp$ popd            ← ディレクトリスタックから取り出して移動する
/var ~                             ← 取り出したディレクトリはディレクトリスタックから削除された
north@Ubuntu:/var$ popd
~
```

関連コマンド　popd | dirs

CentOS lvm2　Ubuntu lvm2　Raspbian lvm2

pvcreate ★☆☆

物理ボリュームを作成する。

書式 pvcreate デバイスファイル名...

指定したデバイスを物理ボリュームとして利用できるようにします。

実行例 /dev/sdd5と/dev/sdd6に物理ボリュームを作成する

```
# pvcreate /dev/sdd5 /dev/sdd6
```

関連コマンド　pvdisplay | pvmove | pvremove | pvs

CentOS lvm2　Ubuntu lvm2　Raspbian lvm2

pvdisplay ★☆☆

物理ボリュームの情報を表示する。

書式 pvdisplay [物理ボリューム...]

指定した物理ボリュームの情報を表示します。物理ボリュームを省略すると、すべての物理ボリュームの情報を表示します。

実行例 物理ボリューム/dev/sdd5の情報を表示する

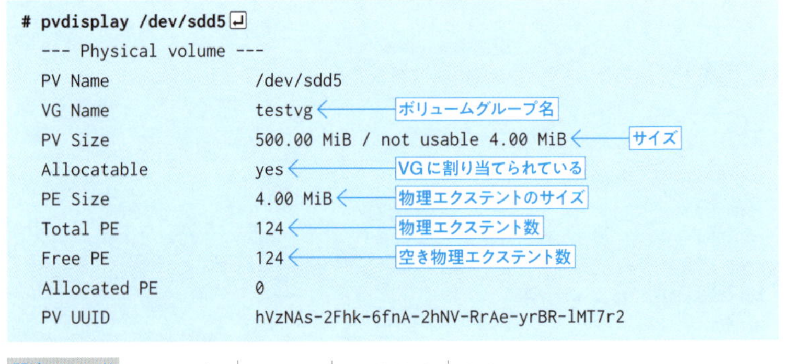

```
# pvdisplay /dev/sdd5
  --- Physical volume ---
  PV Name               /dev/sdd5
  VG Name               testvg
  PV Size               500.00 MiB / not usable 4.00 MiB
  Allocatable           yes
  PE Size               4.00 MiB
  Total PE              124
  Free PE               124
  Allocated PE          0
  PV UUID               hVzNAs-2Fhk-6fnA-2hNV-RrAe-yrBR-1MT7r2
```


関連コマンド　pvcreate | pvmove | pvremove | pvs

CentOS lvm2 Ubuntu lvm2 Raspbian lvm2

pvmove ★

物理ボリュームの内容を別の物理ボリュームに移動する。

書式 pvmove 移動元物理ボリューム 移動先物理ボリューム

ディスクを交換する場合などに、物理ボリュームの内容を別の物理ボリュームに移動させます。

実行例 物理ボリューム/dev/sdd5の内容を/dev/sde5に移動する

```
# pvmove /dev/sdd5 /dev/sde5
```

関連コマンド pvcreate | pvdisplay | pvremove | pvs

CentOS lvm2 Ubuntu lvm2 Raspbian lvm2

pvremove ★

物理ボリュームを削除する。

書式 pvremove [オプション] 物理ボリュームのパス

利用しなくなった物理ボリュームを削除します。

実行例 物理ボリューム/dev/sdd1を削除する

```
# pvremove /dev/sdd1
```

関連コマンド pvcreate | pvdisplay | pvmove | pvs

CentOS lvm2 Ubuntu lvm2 Raspbian lvm2

pvs ★

物理ボリュームの情報を簡潔に表示する。

書式 pvs [物理ボリュームのパス]

物理ボリュームの情報を1行単位で表示します。物理ボリュームのパスを指定しない場合は、すべての物理ボリュームの情報が表示されます。表示される情報は、物理ボリューム、所属するボリュームグループ、LVMバージョン、属性、物理ボリュームのサイズ、実際に利用されているサイズです。

実行例 物理ボリュームの情報を簡潔に表示する

```
# pvs
  PV         VG     Fmt  Attr PSize   PFree
  /dev/sdd5  testvg lvm2 a--  496.00m 496.00m
  /dev/sdd6  testvg lvm2 a--  496.00m 496.00m
  /dev/sdd7         lvm2 ---  500.00m 500.00m
```

関連コマンド pvcreate | pvdisplay | pvmove | pvremove

CentOS shadow-utils　Ubuntu passwd　Raspbian passwd　WSL passwd

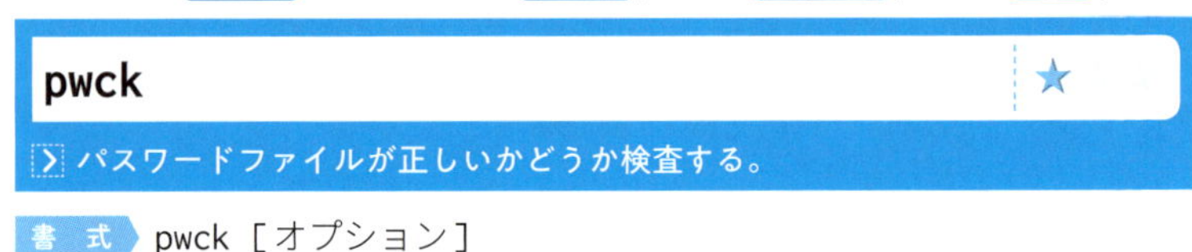

pwck
★
パスワードファイルが正しいかどうか検査する。

書式 pwck ［オプション］

● 主なオプション

-s, --sort	検査はせずUID順に並び替える

パスワード情報が格納されたファイル（/etc/passwd、/etc/shadow）の書式が正しいかどうか、データが有効かどうかを検査します。もし不具合があれば、削除するかどうかを尋ねられます。検査項目は以下のとおりです。

- フィールドの数が正しいか
- ユーザー名は重複していないか
- UIDやGIDが正しいか
- ホームディレクトリが正しいか
- ログインシェルが正しいか

-sオプションを使うと、検査をするのではなく、UID順にエントリを並び替えます。

実行例 パスワードファイルを検査する

```
# pwck
user 'lp': directory '/var/spool/lpd' does not exist
user 'news': directory '/var/spool/news' does not exist
user 'uucp': directory '/var/spool/uucp' does not exist
(以下省略)
```

ホームディレクトリが存在しないというエラー

関連コマンド grpck

CentOS Ubuntu Raspbian WSL bash組み込み、coreutils

pwd

★★★

カレントディレクトリの絶対パスを表示する。

書式 pwd

カレントディレクトリの絶対パスを表示します（Print Working Directory）。シェル組み込みのコマンドとcoreutilsパッケージの外部コマンドがあります。

実行例 カレントディレクトリのパスを確認する

```
$ pwd
/home/north/temp
```

CentOS quota Ubuntu quota Raspbian quota

quota ★☆☆

ディスククォータを確認する。

書式 quota [-u] [オプション] ユーザー名
quota -g [オプション] グループ名

●主なオプション

-u, --user	ユーザークォータを表示する
-g, --group	グループクォータを表示する
-s, --human-readable	MバイトやGバイトなど読みやすい単位で表示する
-l, --local-only	NFSは除外する

ディスククォータの状況を表示します。デフォルトではユーザークォータを、-gオプションでグループクォータを表示します。一般ユーザーでは、自分のクォータ状況のみ表示できます。

実行例 ディスククォータの状況を表示する

```
$ quota ↵
Disk quotas for user north (uid 1001):
     Filesystem  blocks   quota   limit   grace   files   quota   limit
grace
      /dev/sdb1    4752*   4096    5120   7days       2       0       0
```

関連コマンド quotaon | quotaoff | edquota

CentOS quota Ubuntu quota Raspbian quota

quotaoff ★☆☆

クォータを無効にする。

書式 quotaoff [オプション] [ファイルシステム名]

●主なオプション

-a, --all	/etc/fstabに従ってクォータを無効にする
-u, --user	ユーザークォータを無効にする
-g, --group	グループクォータを無効にする

指定したファイルシステムまたは/etc/fstabファイルでクォータが設定されているファイルシステムのクォータを無効にします。

実行例 すべてのユーザークォータおよびグループクォータを無効にする

```
# quotaoff -aug↵
```

関連コマンド quota | quotaon | edquota

CentOS quota Ubuntu quota Raspbian quota

quotaon

★

クォータを有効にする。

書式 quotaon [オプション] [ファイルシステム名]

● 主なオプション

-a, --all	/etc/fstabに従ってクォータを有効にする
-u, --user	ユーザークォータを有効にする
-g, --group	グループクォータを有効にする
-v, --verbose	より詳細な情報を表示する

指定したファイルシステムのクォータを有効にします。-aオプションを指定すると/etc/fstabファイルでクォータが設定されているファイルシステムのクォータを有効にします。

実行例 ユーザークォータを有効にする

```
# quotaon -auv↵
```

関連コマンド quota | quotaoff | edquota

Ubuntu rar Raspbian rar WSL rar

rar

★

〉圧縮アーカイブを作成する。

書式 rar サブコマンド ［オプション］ アーカイブ名 ［ファイル名］

● サブコマンド

a	アーカイブにファイルを追加する
c	アーカイブにコメントを追加する
d	アーカイブからファイルを削除する
e	アーカイブをカレントディレクトリに展開する（サブディレクトリは作成しない）
l	アーカイブ内のファイルをリスト表示する
x	アーカイブを展開する

● 主なオプション

-hp	アーカイブ作成時にパスワードを入力する
-hpパスワード	パスワードを指定する
-mレベル	圧縮レベルを指定する

RAR形式の圧縮アーカイブを作成します。パスワードを指定すると、圧縮アーカイブを展開する時にパスワードを問われます。

実行例 ～.logファイルをまとめてアーカイブsample.rarを作成する

```
$ rar a sample.rar *.log↵
```

実行例 圧縮アーカイブsample.rarを展開する

```
$ rar x sample.rar↵
```

関連コマンド unrar

CentOS Ubuntu Raspbian WSL bash組み込み

read

〉入力を受け付け変数に格納する。

書式 read ［オプション］ 変数名

● 主なオプション

-a 配列	配列に格納する
-p プロンプト	入力行でプロンプトを表示する
-t 時間	指定した秒数だけ入力を受け付ける

-s	入力された文字を表示しない

標準入力から入力を受け付け、変数に格納します。シェルスクリプトで対話的な入力を受け付ける際に利用できます。

実行例 プロンプトを表示し、入力した文字列を変数varに格納する

```
$ read -p "prompt> " var
```

複数の値を変数それぞれに格納することもできます。区切り文字はIFS変数で指定します。

実行例 変数var1、var2に文字列を格納する

```
$ IFS=, read var1 var2   ← 区切り文字を","として変数var1,var2に格納する
a,b   ← ","区切りの文字列
$ echo $var1
a   ← 変数var1の内容
$ echo $var2
b   ← 変数var2の内容
```

配列を利用することもできます。

実行例 配列aryに文字列を格納する

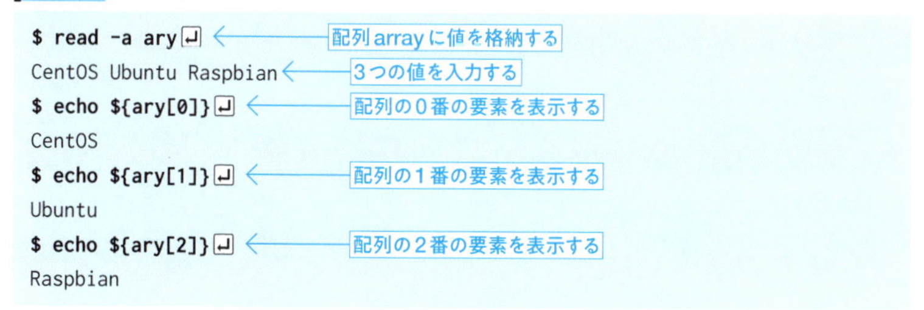

$ read -a ary
配列arrayに値を格納する
CentOS Ubuntu Raspbian
3つの値を入力する
$ echo ${ary[0]}
配列の0番の要素を表示する
CentOS
$ echo ${ary[1]}
配列の1番の要素を表示する
Ubuntu
$ echo ${ary[2]}
配列の2番の要素を表示する
Raspbian

CentOS coreutils Ubuntu coreutils Raspbian coreutils WSL coreutils

readlink

★☆☆

> シンボリックリンクのリンク先ファイル名を表示する。

書式 readlink [オプション] ファイル名

● 主なオプション

-f, --canonicalize	シンボリックリンクをすべて再帰的にたどる

シンボリックリンクをたどってリンク先ファイル名を表示します。

実行例 シンボリックリンク/etc/localtimeのリンク先ファイルを表示する

```
$ readlink /etc/localtime↵
/usr/share/zoneinfo/Asia/Tokyo
```

実行例 シンボリックリンク/etc/localtimeのリンク先を最後までたどる

```
$ readlink -f /etc/localtime↵
/usr/share/zoneinfo/Japan
```

関連コマンド ln

CentOS Ubuntu Raspbian WSL bash シェル組み込み

readonly ★

シェル変数を読み取り専用に設定する。

書 式 readonly 変数名[=値]

シェル変数を読み取り専用に設定し、書き換えたり削除したりできないようにします。すでに設定済みのシェル変数を読み取り専用にすることも、値の設定と同時に読み取り専用にすることもできます。

実行例 変数varを読み取り専用に設定する

```
$ readonly var="unchangeable"↵
$ var="change"↵
-bash: var: 読み取り専用の変数です
$ unset var↵
-bash: unset: var: 消去できません: variable は読み取り専用です
```

CentOS util-linux-ng Ubuntu rename Raspbian rename WSL rename

rename

ファイル名を一括して変更する。

書 式 rename [オプション] 変換パターン ファイル名パターン
rename [オプション] 変換前パターン 変換後パターン ファイル名パターン

● 主なオプション

-n, -nono	実際には変換しないが変換すると何をするか表示する(renameパッケージ)
-f, --force	既存のファイルを上書きする(renameパッケージ)

ファイル名を一括して変換します。変換パターンは正規表現で表します（sedコマンドを参照してください）。ただしutil-linux-ngパッケージに含まれるrenameコマンドは、変換前と変換後のパターンを指定します。ファイル名パターンはシェルのメタキャラクタで指定します。CentOSとUbuntu等では動作が異なりますので注意が必要です※1。

実行例 ファイル名が「2017」で始まるファイルで拡張子が「.jpeg」のファイルを「.jpg」に変更する

```
$ rename 's/¥.jpeg/¥.jpg/' 2017*↵
```

実行例 ファイル名が「2017」で始まるファイルで拡張子が「.jpeg」のファイルを「.jpg」に変更する（util-linux-ng版）

```
$ rename .jpeg .jpg 2017*↵
```

実行例 ファイル名の末尾が「.org」のファイルを「.orig」に変更するとどうなるか表示する

```
$ rename -n 's/¥.org/¥.orig/' *↵
rename(sample.org, sample.orig) ←マッチした結果が表示される
```

実行例 大文字のファイル名を小文字に変換する

```
$ rename 'y/A-Z/a-z/' *↵
```

関連コマンド mv

CentOS util-linux Ubuntu bsdutils Raspbian bsdutils WSL bsdutils

renice ★★☆

実行中のプロセスの実行優先度を変更する。

書式 renice [-n] ナイス値 [オプション]

● 主なオプション

-n ナイス値, --priority ナイス値	ナイス値を指定する（-n/--priorityは省略可能）
-p PID, --pid PID	PIDを指定する
-g GID, --gid GID	GIDを指定する
-u ユーザー名, --user ユーザー名	ユーザー名で指定する

実行中のプロセスのナイス値を変更して実行優先度を高くしたり低くしたりします。実行優先度を変えたいプロセスは、PIDで指定するか、ユーザーもしくはグループで一括して指定します。一般ユーザーは実行優先度を下げることしかできません。rootユーザーは

※1 UbuntuやRaspbianでは、renameコマンドはfile-renameコマンドのシンボリックリンクです。

優先度を高くすることができます。ナイス値についてはniceコマンドの解説を参照してください。

実行例 PIDが27630のプロセスに対してナイス値を「-10」に変更する

```
# renice -n -10 -p 27630↵
27630 (process ID) old priority 0, new priority -10
```

実行例 ユーザーnorthが実行しているすべてのプロセスのナイス値を5に変更する

```
# renice 5 -u north↵
1000 (user ID) old priority 0, new priority 5
```

関連コマンド nice

CentOS e2fsprogs Ubuntu e2fsprogs Raspbian e2fsprogs

resize2fs

★

> ext2/ext3/ext4ファイルシステムのサイズを変更する。

書式 resize2fs [オプション] デバイスファイル名

● 主なオプション

-p	進捗を示すバーを表示する
-f	サイズ変更を強制的に進める

LVMで論理ボリュームのサイズを変更しても、そこに作成されているext2/ext3/ext4ファイルシステムのサイズまで自動的に変更されるわけではありません。resize2fsコマンドを実行すると、論理ボリュームのサイズに合わせてext2/ext3/ext4ファイルシステムのサイズが変更されます。サイズ変更前には、あらかじめe2fsckコマンドを使ってファイルシステムの整合性をチェックしておく必要があります。

実行例 /dev/vg01/lv01のext4ファイルシステムサイズを論理ボリュームに合わせて変更する

```
# e2fsck -f /dev/vg01/lv01↵      ← ファイルシステムの整合性をチェックする
# resize2fs /dev/vg01/lv01↵      ← ファイルシステムのサイズを変更する
```

CentOS dump Ubuntu dump Raspbian dump

restore

バックアップを復元する。

書式 restore [オプション] [ファイル名]

●主なオプション

-r	すべてのファイルを取り出す
-i	対話的にファイルを取り出す
f デバイス名	バックアップ装置のデバイスを指定する

dumpコマンドによるバックアップを復元（リストア）します。全体を復元することはもちろん、バックアップからファイル単位で取り出すこともできます。

実行例 /dev/sdb2のバックアップをすべて復元する

```
# restore rf /dev/sdb2↵
```

関連コマンド dump

CentOS coreutils Ubuntu coreutils Raspbian coreutils WSL coreutils

rm

★★★

ファイルを削除する。

書式 rm [オプション] ファイル名またはディレクトリ名

●主なオプション

-f, --force	ユーザーへの確認なしで削除する
-r, -R, --recursive	ディレクトリを削除する
-i	削除前にユーザーに確認する
-d, --dir	空のディレクトリを削除する

指定したファイルを削除します。

実行例 samplefileファイルを確認付きで削除する

```
$ rm -i samplefile↵
rm: 通常ファイル 'samplefile' を削除しますか？ y↵  ←削除してもよいなら"y"を入力
```

ディレクトリを削除する場合は、-r、-R、--recursiveいずれかのオプションを指定する必要があります。

実行例 dataディレクトリとその内容をすべて確認なしに削除する

```
$ rm -rf data↵
```

関連コマンド rmdir

CentOS coreutils Ubuntu coreutils Raspbian coreutils WSL coreutils

rmdir

★☆☆

空のディレクトリを削除する。

書式 rmdir [オプション] ディレクトリ名

● 主なオプション

-p	複数階層の空ディレクトリを削除する

空のディレクトリを削除します。ディレクトリ内にファイルやサブディレクトリがあると削除できません。その場合はrm -rコマンドを使います。

実行例 空のtmpdataディレクトリを削除する

```
$ rmdir tmpdata↵
```

関連コマンド rm | mkdir

CentOS kmod Ubuntu kmod Raspbian kmod

rmmod

★☆☆

カーネルモジュールをアンロードする。

書式 rmmod [オプション] カーネルモジュール名

● 主なオプション

-s, --syslog	実行結果を標準出力ではなくsyslogに出力する

ロードされているカーネルモジュールをアンロードし、カーネルから取り外します。使用中のモジュールや依存関係にあるモジュールはアンロードできません。modprobe -rコマンドを使うと、依存関係を解消してアンロードすることができます。

実行例 xfsモジュールをアンロードする

```
# rmmod xfs↵
```

関連コマンド insmod | modprobe

route

ルーティングテーブルを操作する。

書式
```
route [オプション]
route add [-host|-net] ターゲット [netmask ネットマスク] [gw ゲートウェイ] [dev インターフェース名]
route del [-host|-net] ターゲット [netmask ネットマスク] [gw ゲートウェイ] [dev インターフェース名]
```

● 主なオプション

-n, --numeric	ホスト名を名前解決せずIPアドレスで表示する
-host	ターゲットをホストとする
-net	ターゲットをネットワークとする
-C, --cache	カーネルのルーティングキャッシュを操作する
-F, --fib	カーネルのルーティングテーブルを操作する(デフォルト)
netmask	サブネットマスクを指定する
gw	ゲートウェイアドレスを指定する
dev	ネットワークインターフェース名を指定する

パケットを送出する経路を制御することをルーティングといいます。ルーティングを行うための情報はルーティングテーブルに格納されます。ルーティングテーブルには、宛先のネットワークやホストと、その宛先へ送る際のアドレスが記されています。ルーティングテーブルの操作に使うコマンドがrouteコマンドです※2。引数を付けずに実行すると、ルーティングテーブルが表示されます。

実行例 ルーティングテーブルを表示する

```
$ route
カーネル IP 経路テーブル
受信先サイト    ゲートウェイ    ネットマスク    フラグ Metric Ref 使用数 インター
フェイス
default         corega.home     0.0.0.0         UG    0      0        0
enp2s0
192.168.1.0     *               255.255.255.0   U     0      0        0
enp2s0
```

● ルーティングテーブルの項目

項目	説明
Destination(受信先サイト)	宛先のネットワークまたはホスト
Gateway(ゲートウェイ)	ゲートウェイのアドレス(「*」は未設定)

※2 routeコマンドは将来使われなくなる見込みなので、ipコマンドを使った方がよいでしょう。

Genmask（ネットマスク）	宛先のサブネットマスク（「0.0.0.0」はデフォルトゲートウェイ）
Flags（フラグ）	フラグ（U：経路が有効、H：宛先はホスト、G：ゲートウェイを使用、!：経路は無効）
Metric	宛先までの距離
Ref	ルートの参照回数（不使用）
Use（使用数）	ルートの参照回数
Iface（インターフェース）	この経路を使うネットワークインターフェース

実行例 デフォルトゲートウェイを192.168.1.1として設定する

```
# route add default gw 192.168.1.1↵
```

関連コマンド ip

rpm ★★

RPMパッケージを操作する。

書式 rpm [オプション]

● 照会

-q パッケージ名, --query パッケージ名	指定したパッケージがインストールされているか照会する

● 照会モードで併用できるオプション

-a, --all	インストール済みのすべてのパッケージを表示する
-f ファイル名	指定したファイルを含むパッケージ名を表示する
-p パッケージファイル名	対象としてパッケージ名ではなくパッケージファイル名を指定する
-c, --configfiles	設定ファイルのみを表示する
-d, --docfiles	ドキュメントのみ表示する
-i, --info	指定したパッケージの情報を表示する
-l, --list	指定したパッケージに含まれるファイルを表示する
-R, --requires	指定したパッケージが依存しているファイル等を表示する
--changelog	変更履歴を表示する

● インストール/アンインストール/アップグレードモード

-i パッケージファイル名, --install パッケージファイル名	パッケージをインストールする
-U パッケージファイル名, --upgrade パッケージファイル名	パッケージをアップグレードする（なければインストールする）
-F パッケージファイル名, --freshen パッケージファイル名	パッケージがインストールされていればアップグレードする
-e パッケージファイル名, --erase パッケージファイル名	パッケージをアンインストールする

●インストール/アンインストール/アップグレードモードで併用できるオプション

-v, --verbose	詳細な情報を表示する
-h, --hash	進行状況を「#」で表示する
--nodeps	依存関係を無視する
--force	既存のファイルを新しいファイルに置き換える
--test	実際には処理せずテストを実施する

●検証モード

-V, --verify	インストール済みパッケージを検証する

●検証モードで併用できるオプション

--nodeps	依存関係の検証を行わない
--nosignature	署名を検証しない
--nofiledigest	ファイルのダイジェスト値を検証しない
-v, -vv	詳細な(より詳細な)情報を表示する

●その他のオプション

--import 公開鍵	署名検証用の公開鍵をインポートする
-K パッケージファイル,--checksig パッケージファイル名	パッケージの署名を検証する
--nosignature パッケージファイル名	署名を検証しない
--nodigest パッケージファイル名	ファイルのダイジェスト値を検証しない

RPMパッケージを操作します。RPMパッケージは、Red Hat Enterprise Linux、CentOS、Fedoraなどで使われているパッケージ形式です。通常はyumコマンドを使ってパッケージを操作しますが、rpmコマンドではより詳細な操作が可能です。

実行例 インストールされているすべてのRPMパッケージを表示する

```
$ rpm -qa↵
libdrm-2.4.74-1.el7.x86_64
fail2ban-sendmail-0.9.7-1.el7.noarch
(以下省略)
```

実行例 インストールされているすべてのRPMパッケージの中から「httpd」で始まるパッケージ名のパッケージを表示する

```
$ rpm -qa httpd*↵
httpd-2.4.6-67.el7.centos.6.x86_64
httpd-devel-2.4.6-67.el7.centos.6.x86_64
httpd-tools-2.4.6-67.el7.centos.6.x86_64
```

実行例 「/etc/services」パッケージが何というパッケージからインストールされたのか調べる

```
$ rpm -qf /etc/services↵
setup-2.8.71-7.el7.noarch
```

実行例 bashパッケージでインストールされるファイルを一覧表示する

```
$ rpm -qlp bash-4.2.46-29.el7_4.x86_64.rpm↵
/etc/skel/.bash_logout
/etc/skel/.bash_profile
(以下省略)
```

← パッケージファイルを指定する時はpオプションを付ける

実行例 zshパッケージをインストールする

```
# rpm -ivh zsh-5.0.2-28.el7.x86_64.rpm↵
準備しています ...                ################################# [100%]
更新中 / インストール中 ...
   1:zsh-5.0.2-28.el7                #################################
[100%]
```

関連コマンド yum | dpkg

CentOS rpm

rpm2cpio

> RPMパッケージからcpioアーカイブを取り出す。

書式 rpm2cpio [RPMパッケージファイル名]

RPMパッケージはcpioコマンドを使ってアーカイブ(書庫)ファイル化されています。rpm2cpioコマンドは、RPMパッケージからcpioアーカイブを取り出します。RPMパッケージをインストールせず、その中のファイルを取り出したい時に使います。

実行例 bashパッケージの内容をカレントディレクトリ以下に展開する

```
$ rpm2cpio bash-4.2.46-29.el7_4.x86_64.rpm | cpio -id↵
```

関連コマンド rpm

rsync

ファイルを同期する。

書式 rsync [オプション] [ホスト名:]コピー元ディレクトリ [ホスト名:]コピー先ディレクトリ

● 主なオプション

オプション	説明
-v, --verbose	コピー中のファイルを表示する
-a, --archive	アーカイブモード（ファイルやディレクトリの属性をそのままコピーする）
-r, --recursive	ディレクトリ内を再帰的にコピーする
-u, --update	変更・追加されたファイルのみコピーする
-l, --links	シンボリックリンクをそのままコピーする
-H, --hard-links	ハードリンクをそのままコピーする
-p, --perms	パーミッションをそのままコピーする
-o, --owner	所有者をそのままコピーする
-g, --group	所有グループをそのままコピーする
-t, --times	タイムスタンプをそのままコピーする
-e ssh, --rsh=ssh	SSHを使って転送を行う
-n, --dry-run	テストを実施する（実行結果を表示するだけ）
-z, --compress	通信データを圧縮する
--delete	コピー元ファイルが削除されていたらコピー先でも削除する

2つのディレクトリ間でファイルをコピーします。ネットワークを経由したリモートコピーも可能です。ディレクトリの同期を取るのに便利なコマンドです。

実行例 ローカルホスト内でdirディレクトリを/backupディレクトリ内に差分コピーする

```
$ rsync -auv --delete dir /backup
sending incremental file list
dir/
(省略)
sent 4708675 bytes  received 2299 bytes  9421948.00 bytes/sec
total size is 4700144  speedup is 1.00
$ ls /backup
dir  ← /backupディレクトリ内（同期先）
```

バックアップ元ディレクトリの末尾に「/」を付けると、そのディレクトリをコピーするのではなく、そのディレクトリ以下のファイルやサブディレクトリをコピーすることになりますので注意してください。

実行例 ローカルホスト内でdirディレクトリの内容を/backupディレクトリ内に差分コピーする

```
$ rsync -auv --delete dir/ /backup↵
$ ls /backup↵
etc   usr   home ← /backupディレクトリ内（同期先）
```

リモートコピーする場合は、SSH経由で安全にコピーするのがよいでしょう。もちろん、あらかじめSSHでログインできるようにしておく必要があります。また、コピー先ホストにもrsyncがインストールされている必要があります。

実行例 dirディレクトリをホストcentos7.example.comの/backupディレクトリ内に差分コピーする

```
$ rsync -auvz --delete -e ssh dir centos7.example.com:/backup↵
Enter passphrase for key '/home/north/.ssh/id_rsa':↵ ← パスフレーズを入力
sending incremental file list
dir/etc/skel/
dir/etc/skel/.bashrc
（以下省略）
```

関連コマンド scp

CentOS sysstat Ubuntu sysstat Raspbian sysstat

sadf

ログをさまざまな形式で出力する。

書式 sadf [オプション] [ログファイル名] -- [sarコマンドのオプション]

● 主なオプション

-j	JSON形式で出力する
-x	XML形式で出力する
-t	(UTFではなく)ローカル日時で表示する
--	ここから後のオプションはsarコマンドに渡す

sarコマンドで出力されるログを、タブ区切りテキストやJSON形式など、さまざまな形式に変換して出力します。どのような情報を出力するかについては、「--」オプション以降に列挙するsarコマンドのオプションで指定してください。

実行例 ディスクに関連する情報を出力する

```
$ sadf /var/log/sysstat/sa16 -- -b
mars.example.com    300     2017-12-15 15:05:01 UTC -       tps     0.07
mars.example.com    300     2017-12-15 15:05:01 UTC -       rtps    0.00
mars.example.com    300     2017-12-15 15:05:01 UTC -       wtps    0.07
(以下省略)
```

関連コマンド sar

CentOS sysstat Ubuntu sysstat Raspbian sysstat

sar

システムの統計情報を取得する。

書式 sar オプション [-s 開始時刻] [-e 終了時刻] [-f ログファイル名] [表示間隔 [回数]]

● 主なオプション

-A	すべての項目を出力する
-b	ディスクの入出力と転送レート情報を表示する
-c	プロセスの生成回数を表示する
-d	ディスクのアクティビティ情報を表示する
-f ファイル	ログファイルを指定する

-n DEV	ネットワーク関連の情報を表示する
-n EDEV	ネットワーク関連のエラー情報を表示する
-q	平均負荷（ロードアベレージ）を表示する
-r	メモリとスワップ関連の情報を表示する
-u	CPU関連の情報を表示する（iostatコマンドのCPU列と同じ）
-P 値	指定したCPUの情報を表示する（値は数値）
-P ALL	すべてのCPUの情報を表示する
-R	メモリ（ページ）の統計情報を表示する
-W	スワップの情報を表示する

システム情報を収集するsysstatパッケージをインストールすると、自動的に実行されるsadcコマンドによるログが/var/log/saディレクトリ（CentOS）または/var/log/sysstat（Ubuntu）以下に保存されます。ログファイル名は「sa」+「2桁の日付」です。例えば、20日のログなら「sa20」です（1ヶ月以上前のログは上書きされます）。ログの内容を表示するにはsarコマンドを使います。ログはバイナリデータですので、lessコマンド等で見ることはできません。

実行例 16日のログからディスク入出力関連の情報を表示する

```
$ sar -b -f /var/log/sysstat/sa16↵
Linux 4.4.0-97-generic (mars.example.com)   12/16/2017        _x86_64_    (2 CPU)

12:00:01 AM       tps      rtps      wtps   bread/s   bwrtn/s ← 5分ごとの情報が出力される
12:05:01 AM      0.07      0.00      0.07      0.00      0.99
12:15:01 AM      0.09      0.04      0.04      0.37      0.52
12:25:01 AM      0.28      0.20      0.08      1.97      1.35
(省略)
Average:         0.24      0.20      0.04      2.10      0.74 ← 最後に平均が出力される
```

実行例 ネットワークインターフェースごとの情報を表示する

```
$ sar -n DEV -f /var/log/sysstat/sa16↵
Linux 4.4.0-97-generic (ik1-329-24732)  12/31/2017        _x86_64_         (2 CPU)

12:00:01 AM     IFACE   rxpck/s    txpck/s      rxkB/s      txkB/s    rxcmp/s
txcmp/s  rxmcst/s   %ifutil
12:05:01 AM        lo      0.10       0.10        0.04        0.04       0.00
0.00       0.00      0.00
12:05:01 AM      ens3     28.37       0.06        1.69        0.00       0.00
0.00       0.00      0.00
(省略)
Average:         ens3     27.21       0.07        1.62        0.01       0.00
0.00       0.00      0.00
```

実行例 メモリ関連情報を表示する

```
$ sar -r -f /var/log/sysstat/sa31 | head↵
Linux 4.4.0-97-generic (ik1-329-24732)  12/31/2017      _x86_64_        (2 CPU)

12:00:01  AM kbmemfree kbmemused  %memused kbbuffers  kbcached  kbcommit
%commit  kbactive  kbinact  kbdirty
12:05:01 AM     153248     862748       84.92      279704      410200      269016
13.05    418452    280008         0
12:15:01 AM     152904     863092       84.95      279712      410204      267196
12.96    418464    280008         0
(以下省略)
```

関連コマンド sadf

CentOS Ubuntu Raspbian WSL openssh-client

scp ★★★

SSH経由でファイルをコピーする。

書式 scp [オプション] コピー元 コピー先

● コピー元およびコピー先の書式

リモートホスト	[ユーザー名@]ホスト名:[パス]
ローカルホスト	パス

● 主なオプション

-P ポート番号	ポート番号を指定する（デフォルトは22番）
-p	送信元のタイムスタンプやアクセス権を変更しない
-r	ディレクトリを再帰的にコピーする
-l 帯域	最大の帯域幅をKビット/秒で指定する
-i ファイル名	秘密鍵ファイルを指定する
-B	バッチモードで動作する（パスワードやパスフレーズを問わない）

SSH経由でファイルをリモートコピーします。コピー元またはコピー先にリモートホストの書式を使うところがcpコマンドと異なります。ユーザー名を指定しない場合は、リモートホストにはscpコマンドを実行したユーザーで認証が行われます。

実行例 ローカルホストの/etc/hostsファイルをsv.example.comの/tmpディレクトリ以下にコピーする

```
$ scp /etc/hosts sv.example.com:/tmp↵
north@sv.example.com's password: ← パスワードまたはパスフレーズを入力する
hosts                                                          100%  234
0.2KB/s   00:00
```

実行例 リモートホストsv.example.comの/etc/hostsファイルをローカルホストのカレントディレクトリにコピーする

```
$ scp sv.example.com:/etc/hosts .↵
```

関連コマンド ssh | rsync

CentOS util-linux Ubuntu bsdutils Raspbian bsdutils WSL bsdutils

script ★★

端末上の文字列を記録する。

書式 script [オプション] [ファイル名]

● 主なオプション

-a, --append	ファイルに追記する

端末に表示される文字列、入力する文字列をファイルに記録します。ファイル名が指定されなかったときは、デフォルトのファイル名は「typescript」となります。sctriptコマンド実行後、exitコマンドを入力するまで記録は続きます。exitコマンドを実行した時点でファイルに書き込まれます。

実行例 デフォルトのtypescriptファイルに記録する

```
$ script↵ ← 記録を開始する
Script started, file is typescript
north@Ubuntu:~$ date
Sat Dec 9 18:40:57 JST 2017
north@Ubuntu:~$ pwd
/home/north
north@Ubuntu:~$ exit↵ ← exitコマンドで終了する
exit
```

実行例 typescriptファイルの内容を表示する

```
$ cat typescript↵ ← typescriptファイルの内容を表示する
Script started on Sat 9 Dec 2017 06:40:52 PM JST ← ファイル1行目に開始日時
north@Ubuntu:~$ date
Sat Dec 9 18:40:57 JST 2017
north@Ubuntu:~$ pwd
/home/north
north@Ubuntu:~$ exit
exit

Script done on Sat 9 Dec 2017 06:41:04 PM JST ← ファイル末尾に終了日時
```

CentOS sdparm　Ubuntu sdparm　Raspbian sdparm

sdparm

★☆☆

SCSIデバイスのパラメータを設定したりデバイスの情報を表示したりする。

書式 sdparm [オプション] [デバイスファイル名]

● 主なオプション

-a, --all	デバイスの情報を表示する
-c コマンド, --command=コマンド	SCSIコマンドを発行する

SCSIデバイスの情報を表示したり、パラメータを設定します。また、SCSIの制御コマンドを発行することもできます。例えば「--command=eject」とするとSCSIドライブのトレイを開くことができます。

実行例 /dev/sdaの情報を表示する

```
# sdparm /dev/sda↵
    /dev/sda: ATA       ASUS-JM S41 SSD   0102
Read write error recovery mode page:
  AWRE        1  [cha: n, def:  1]
  ARRE        0  [cha: n, def:  0]
  PER         0  [cha: n, def:  0]
(以下省略)
```

関連コマンド hdparm

sed

テキストデータを編集する。

書式

```
sed [オプション] コマンド [ファイル]
sed [オプション] -e コマンド1 [-e コマンド2...] [ファイル]
sed [オプション] -f スクリプトファイル [ファイル]
```

● 主なオプション

オプション	説明
-e コマンド, --expression=コマンド	実行するコマンドを追加する
-f スクリプトファイル, --file=スクリプトファイル	サブコマンドが書かれたスクリプトファイルを指定する
-i[サフィックス], --in-place[=サフィックス]	元のファイルを書き換える（サフィックスを指定するとバックアップを取る）
-r, --regexp-extended	スクリプトで拡張正規表現を扱う

● 主なsedコマンド

d	マッチした行を削除する
s/パターンA/パターンB/[g]	パターンAをパターンBに置換する（gスイッチを指定するとマッチした箇所すべてを置換する）
y	文字単位で置換する

テキストデータに対して行単位で編集操作を行います※1。どのような操作をするかを「s」「y」といったsedコマンドで指定します。

dコマンドはマッチした行を削除します。行は「1,10」のように指定すると1行目～10行目となります。

実行例 sample.txtファイルの1行目～5行目を削除してedited.txtファイルに保存する

```
$ sed '1,5d' sample.txt > edited.txt↵
```

sコマンドは文字列パターンがマッチする箇所を置換します。文字列パターンには正規表現が利用できます。sコマンドは引用符で囲むとよいでしょう（メタキャラクタが含まれる文字列をシェルがsedコマンドよりも先に展開してしまうことを避けられます）。

実行例 sample.txtファイル内の文字列「Linux」を「LINUX」に置換し標準出力に出力する

```
$ sed 's/Linux/LINUX/' sample.txt↵
```

sコマンドによる置換は、1行でマッチした箇所が複数あっても、置換されるのは最初の

※1 sedはStream EDitorの意味で、文字列データの流れ（ストリーム）を編集するプログラムということです。

箇所のみです。gスイッチを追加すると、マッチした箇所すべてを置換します。

実行例 sample.txtファイル内の文字列「Linux」を「LINUX」にすべて置換し標準出力に出力する

```
$ sed 's/Linux/LINUX/g' sample.txt
```

-iオプションを指定すると、処理結果を標準出力に出力せず、元のファイルを書き換えます。

実行例 sample.txtファイル内の文字列「Linux」を「LINUX」にすべて置換し、結果を元ファイルに保存する

```
$ sed -i 's/Linux/LINUX/g' sample.txt
```

sコマンドも行数を指定できます。

実行例 sample.shファイルの1行目から10行目の行頭に「# 」を追加する

```
$ sed -i '1,10s/^/# /' sample.sh
```

-iオプションではサフィックスを指定するとバックアップファイルが作成されます。

実行例 sample.shファイルの1行目から10行目の行頭に「# 」を追加し、元のファイルはファイル名に「.bak」を付けてコピーしておく

```
$ sed -i.bak '1,10s/^/# /' sample.sh
```

yコマンドは「y/検索文字のリスト/置換文字のリスト/」のように指定し、検索文字にマッチした箇所を、置換文字の同じ位置の文字に置き換えます。

実行例 aを@に、oを0に置換する

```
$ echo password | sed 'y/ao/@0/'
p@ssw0rd
```

関連コマンド awk

seq

連続した数値を生成する。

書式 seq [オプション] [開始 [増分]] 終了

● 主なオプション

-f フォーマット, --format=フォーマット	C言語のprintf形式の書式で浮動小数点を表示する
-s 文字列, --string=文字列	数字の区切りに指定した文字列を使う（デフォルトは改行）
-w, --equal-width	先頭を0で埋めて幅を等しくする

連続した数値を生成します。引数に数字を指定すると、1からその数までを生成し標準出力に出力します。デフォルトの区切り文字は改行（¥n）です。

実行例 1から3までの連番を生成する

```
$ seq 3↵
1
2
3
```

引数に数字を2つ指定すると、最初の引数から次の引数までの間の連続した数値を生成します。-sオプションを指定すると、数字の区切りを指定できます。

実行例 3から6まで「,」で区切って生成する

```
$ seq -s "," 3 6↵
3,4,5,6
```

3つの数字を引数に指定すると、2番目の引数を増分の数値として処理します。増分は負数（-1など）を指定することもできます。

実行例 7から15まで増分2で生成し、桁が揃うよう先頭は0で埋める

```
$ seq -w 7 2 15↵
07
09
11
13
15
```

service ★★

サービスを管理する。

書式 service サービス名 サブコマンド

● 主なサブコマンド

start	サービスを開始する
stop	サービスを停止する
restart	サービスを再起動する
reload	サービスの設定を再読込する

サーバーソフトウェアやシステムサービスなど、システム上で何らかの機能を提供し続けるプログラムをサービスといいます。systemdが採用される以前のシステム（CentOS 6など）では、serviceコマンドでサービスを管理できます。systemdが採用されているシステムでも利用できることがありますが、その場合はsystemctlコマンドなどに置き換えられて実行されます。

実行例 postfixサービスを再起動する

```
# service postfix restart ↵
```

関連コマンド systemctl | chkconfig

CentOS Ubuntu Raspbian WSL bash組み込み

set

シェル変数やオプションを制御する。

書式 set [オプション] [引数]

● 主なオプション

-o	シェルのオプションと設定状態を表示する（on/offで）
+o	シェルのオプションと設定状態を表示する（オプション名で）
-o オプション	指定したオプション機能を有効化する
+o オプション	指定したオプション機能を無効化する

● 主なオプション（機能の有効・無効）

有効	無効	説明
-a	+a	変数の値をセットすると自動的にエクスポートする
-f	+f	ファイル名の展開を行う（ワイルドカードの展開）
-B	+B	ブレース展開を有効化する
-H	+H	履歴機能を有効化する

-C	+C	リダイレクトによるファイル上書きを許可する
-u	+u	定義されていない変数はエラーとして扱う
-t	+t	コマンドを1つだけ読み込んで実行した後シェルを終了する
-p	+p	特権モードを有効化する
-x	+x	コマンド実行後にそのコマンドを出力する（シェルスクリプトのデバッグ）

● -o/+oに続けて指定可能なオプション

オプション	説明
allexport	変数の値をセットすると自動的にエクスポートする（-aと同じ）
emacs	emacsモードのコマンドライン編集機能を使う（デフォルト）
braceexpand	ブレース展開を有効化する（-Bと同じ）
histexpand	履歴機能を有効化する（-Hと同じ）
ignoreeof	Ctrl＋Dを押してもログアウトしないようにする
noclobber	リダイレクトによるファイル上書きを許可する（-Cと同じ）
nounset	定義されていない変数はエラーとして扱う（-uと同じ）
onecmd	コマンドを1つだけ読み込んで実行した後シェルを終了する（-tと同じ）
privileged	特権モードを有効化する（-pと同じ）
vi	viモードのコマンドライン編集機能を使う
trace	コマンド実行後にそのコマンドを出力する（-xと同じ）

シェルのオプションを有効にしたり、無効にしたりします。コマンドのみを実行すると、値がセットされている変数、配列、関数をすべて表示します。-oまたは+oオプションのみを指定すると、シェルのオプションの設定状態を表示します。

実行例 シェルのオプションと設定状態をon/offで表示する

```
$ set -o↵
allexport       off
braceexpand     on
(以下省略)
```

実行例 シェルのオプションと設定状態をオプション名で表示する

```
$ set +o↵
set +o allexport
set -o braceexpand
(以下省略)
```

シェルのオプションを有効にするには、「-a」のように指定するか、「-o allexport」のように指定します。無効にするには「+a」「+o allexport」のように「+」記号を使います。

実行例 リダイレクトによる上書き禁止のオプションを有効にする

```
$ set -o noclobber↵
$ echo "test" > sample.txt↵  ← 既存のファイルに上書きを試してみる
-bash: sample.txt: 存在するファイルを上書きできません
```

CentOS util-linux Ubuntu util-linux Raspbian util-linux WSL util-linux

setterm

端末の設定を行う。

書式 setterm [オプション]

● 主なオプション

--cursor on|off	カーソル表示をオンまたはオフにする
--bold on|off	コマンドラインのボールド表示をオンまたはオフにする
--foreground 色	指定した色を文字色とする
--background 色	指定した色を背景色とする
--reverse on	文字色と背景色を入れ替える
--reset on	端末の設定を初期状態にリセットし画面をクリアする

端末の各種設定を行います。設定はログアウトすると消えてしまいます。永続的に設定する場合は、~/.bashrcファイルに記述しておきます。

実行例 端末の文字色を緑に、背景色を黒に設定する

```
$ setterm --foreground green --background black↵
```

CentOS Ubuntu Raspbian WSL openssh-client

sftp

SSH経由でファイルを転送する。

書式 sftp [オプション] ホスト名
sftp [ユーザー名@]ホスト名[ファイル名...]
sftp [ユーザー名@]ホスト名[ディレクトリ名]
sftp -b ファイル名 [ユーザー名@]ホスト名

● 主なオプション

-b ファイル名	ファイルに指定されたFTPコマンドを読み込んで実行する
-C	圧縮を有効にする
-i ファイル名	秘密鍵ファイルを指定する
-P ポート番号	サーバー側のポート番号を指定する

ftpコマンドのSSH版で、SSH経由で安全にファイルを転送します。サーバーに接続して対話的に操作することも、scpコマンドのようにファイルやディレクトリを個々に転送することもできます。

実行例 mars.example.comにSSHで接続し対話的にファイルをダウンロードする

```
$ sftp mars.example.com↵
north@mars.example.com's password:
Connected to mars.example.com.
sftp> ls ←リモートホストのファイルを一覧表示する
lpic.sh                    web
sftp> get lpic.sh ←FTPのgetサブコマンドでファイルを取得する
Fetching /home/north/lpic.sh to lpic.sh
/home/north/lpic.sh                    100%  108     0.1KB/s   00:00
sftp> quit ←接続を終了する
```

実行例 mars.example.comからファイルをダウンロードする

```
$ sftp mars.example.com:lpic.sh↵
north@mars.example.com's password:
Connected to mars.example.com.
Fetching /home/north/lpic.sh to lpic.sh
/home/north/lpic.sh                    100%  108     0.1KB/s   00:00
```

● 対話的に利用できる主なサブコマンド

サブコマンド	説明
bye, exit	sftpを終了する
cd パス	リモートホスト側でカレントディレクトリを変更する
get ファイル名	指定したファイルをダウンロードする
help	ヘルプを表示する
lcd	ローカルホスト側でカレントディレクトリを変更する
lls	ローカルホスト側でカレントディレクトリのファイルを一覧表示する
ls	リモートホスト側でカレントディレクトリのファイルを一覧表示する
lpwd	ローカルホスト側でカレントディレクトリのパスを表示する
pwd	リモートホスト側でカレントディレクトリのパスを表示する
put ファイル名	指定したファイルをアップロードする
!コマンド	ローカルホストのシェルでコマンドを実行する

関連コマンド ssh | scp

sha1sum/sha256sum/sha512sum

SHA-1/SHA-2のメッセージダイジェストを取り扱う。

書式 sha1sum [オプション] [ファイル名]
sha256sum [オプション] [ファイル名]
sha512sum [オプション] [ファイル名]

● 主なオプション

-c, --check	ファイルからチェックサムを読み込んで検証する

オープンソースソフトウェアのダウンロードページには、ダウンロードしたファイルが壊れていないか、改ざんされていないかをチェックするためのチェックサム値やチェックサムファイルがよく配置されています。チェックサム値はファイルのハッシュ値（一定の長さに要約した値）です。メッセージダイジェストともいいます。

ハッシュ値を計算するアルゴリズムには、MD5やSHA-1、SHA-2などがあります。sha1sumコマンドはSHA-1の、sha256sumコマンドはSHA-2（SHA-256）の、sha512sumコマンドはSHA-2（SHA-512）のハッシュ値を出力したり、チェックサムを確認したりします。

実行例 httpd-2.2.34.tar.bzファイルのSHA-1およびSHA-2チェックサム値を表示する

```
$ sha1sum httpd-2.2.34.tar.bz2
829206394e238af0b800fc78d19c74ee466ecb23  httpd-2.2.34.tar.bz2
$ sha256sum httpd-2.2.34.tar.bz2
e53183d5dfac5740d768b4c9bea193b1099f4b06b57e5f28d7caaf9ea7498160
httpd-2.2.34.tar.bz2
$ sha512sum httpd-2.2.34.tar.bz2
e6dac5865a48533c025fe17523ee74d68c3a23f9512c9441b78a140e33cfb6835573eb049b0a
d424eb5c5ca78a1915778c54e8a409da95fbdd3890cb99e08240  httpd-2.2.34.tar.bz2
```

実行例 SHA1チェックサムファイルを用意しダウンロードしたファイルを検証する

```
$ ls
httpd-2.2.34.tar.bz2  httpd-2.2.34.tar.bz2.sha1
$ sha1sum -c httpd-2.2.34.tar.bz2.sha1
httpd-2.2.34.tar.bz2: OK
```

関連コマンド md5sum

shred

ファイルの内容をランダムに上書きし復旧困難にする。

書式 shred [オプション] ファイル名

● 主なオプション

オプション	説明
-f, --force	必要があればパーミッションを変更する
-n 回, --iterations=回	指定した回数だけ上書きを行う（デフォルトは3回）
--random-source=ファイル名	指定したファイルからランダムバイトを取得する
-s サイズ, --size=サイズ	指定したサイズでshredを行う（単位はK/M/G）
-u, --remove	上書きした後ファイルを削除する（デフォルトは削除しない）
-v, --verbose	進行状況を表示する
-z, --zero	shredの実施を隠すため、最後に0で上書きする

rmコマンドでファイルを削除すると、ファイル名と実体（ファイルの内容）のつながりは切れますが、ディスク上にあるデータは、上書きされるまで消えません。復旧ツールを使えば、場合によっては削除したファイルを復旧させることも可能です。shredコマンドを使うと、ファイルの内容をランダムな文字列で上書きし、ファイルの復旧を困難にします。書類をシュレッダーにかけるイメージです。ただし、ファイルシステムによってはshredが効果的であるかどうか保証はできません。

実行例 sample.txtファイルを上書きし内容を確認する

```
$ shred sample.txt↵
$ cat sample.txt↵
            <  ™)ﾒ5?xQ ｺA  &1・ｿ☒☒ｳ!ｻMｽ}Iﾓ4-m
&ｧIﾐi           Cﾐ%t｣{y/eyw・9､©?ｮ^;#ﾆ>&ﾊ・^K?3WmqV ☒☒ Ut ﾈﾀ~ET
(以下省略)
```

デフォルトでは、上書きしたファイルは削除されません。-uオプションを指定すると、上書き後にファイルを削除します。

実行例 sample.txtファイルを上書きし削除する

```
$ shred -u sample.txt↵
```

CentOS systemd Ubuntu systemd-sysv Raspbian systemd-sysv

shutdown

システムの終了や再起動を行う。

書式 shutdown [オプション] [時間] [メッセージ]

● 主なオプション (SysVinit/upstart)

-h	システムを終了する
-r	システムを再起動する
-k メッセージ	システム終了の警告メッセージをユーザーに告知する
-c	システム終了をキャンセルする

● 主なオプション (systemd)

-H, --halt	システムを停止する
-P, -h, --poweroff	システムを停止して電源を切る
-r, --reboot	システムを再起動する
-k メッセージ	システム終了の警告メッセージをユーザーに告知する
-c	システム終了をキャンセルする

● 時刻の指定例

now	ただちに
+10	10分後に
18:00	18時に

システムを終了または再起動します。systemdを採用したシステムと、それ以前のシステムではオプションの意味が異なる場合があるので注意してください。

実行例 ただちにシステムを終了する

```
# shutdown -h now↵
```

実行例 メッセージを送り、システムを5分後に再起動する

```
# shutdown -r +5 "This system will reboot in 5 minutes..."↵
```

実行例 23時45分にシステムを再起動する

```
# shutdown -r 23:45↵
```

関連コマンド systemctl | reboot

CentOS coreutils Ubuntu coreutils Raspbian coreutils WSL coreutils

sleep

★★☆

指定した時間だけ停止する。

書式 sleep 時間[単位]

指定した時間（デフォルトは秒数）だけ処理を停止します。シェルスクリプト内などで一定時間だけ処理を止めて待つ必要があるときに使います。時間の単位には分（m）、時間（h）、日（d）が使えます。例えば「3m」であれば3分を意味します。時間を複数列挙した場合は、それらを合計した時間だけ停止します。

実行例 10秒間処理を停止する

```
$ sleep 10↵
```

CentOS smartmontools Ubuntu smartmontools Raspbian smartmontools

smartctl

ディスクの自己診断機能を利用する。

書式 smartctl [オプション] デバイスファイル名

●主なオプション

-a	S.M.A.R.T.情報を表示する
-t	セルフテストを実施する
-l	ログタイプを指定する
-H	状態を表示する

ハードディスクに組み込まれた自己診断機能S.M.A.R.T.（Self-Monitoring, Analysis and Reporting Technology System）の情報を取得したり、テストを実施したりします。故障を予測したり、故障の兆候を発見したりできる可能性が高くなります。

実行例 /dev/sdaのS.M.A.R.T.情報を表示する

```
# smartctl -a /dev/sda↵
```

sort ★★

ソートして表示する。

書式 sort [オプション] [ファイル名]

● 主なオプション

-b, --ignore-leading-blanks	行頭の空白を無視する
-r, --reverse	逆順にソートする
-f, --ignore-case	大文字と小文字を区別しないでソートする
-n, --numeric-sort	数字を文字ではなく数値として処理する
-c, --check	ソートされているかチェックだけ行う
-o, --output=ファイル名	結果を標準出力ではなく指定したファイルに書き込む
-k 列1[,列2], --key=列1[,列2]	ソートに利用する列を指定する

行単位でソートして出力します。ファイルを指定しない場合は、標準入力からの入力をソートします。デフォルトでは昇順（アルファベット順）にソートします。数字でソートしたい場合は-nオプションを指定します。

実行例 sample.txtファイルを数字でソートする

```
$ cat sample.txt ↵   ← sample.txtの内容を表示する
9
4096
256
1034
$ sort sample.txt ↵   ← sample.txtをソートする
1034
256
4096
9
$ sort -n sample.txt ↵   ← sample.txtを数値としてソートする
9
256
1034
4096
```

実行例 インストール済みRPMパッケージの一覧をソートしてinstalled_rpm.txtファイルに保存する

```
$ rpm -qa | sort -o installed_rpm.txt ↵
```

CentOS Ubuntu Raspbian WSL bash組み込み

source

★★

ファイルを読み込みシェル上で実行する。

書式 source ファイル名

ファイルを読み込み、そのファイルに書かれたコマンドを現在のシェル上で実行します。シェルスクリプトの実行に使われますが、シェルスクリプト内での環境変更が現在のシェルに影響を及ぼす点に注意が必要です。例えば、シェルスクリプト内で環境変数を変更すると、現在のシェルで使われている環境変数も変更された値になります。そのため、~/.bashrcファイルなどを変更した際、その変更を反映させるために利用できます。

実行例 シェルスクリプトファイルsample.shを現在のシェル上で実行する

```
$ source sample.sh↵
```

sourceコマンドは「.」で置き換えることができます。

実行例 シェルスクリプトファイルsample.shを現在のシェル上で実行する

```
$ . sample.sh↵
```

CentOS coreutils Ubuntu coreutils Raspbian coreutils WSL coreutils

split

★

ファイルを複数に分割する。

書式 split [オプション] [入力ファイル名 [出力ファイル名]]

● 主なオプション

-行数, -l 行数, --lines=行数	入力ファイルを指定された行単位で分割する
-b サイズ, --bytes=サイズ	指定したバイト数で分割する

指定されたサイズでファイルを分割します。デフォルトは1000行単位です。分割されたファイルには、指定したファイル名の末尾に「aa」「ab」「ac」...という2文字の文字列が追加されます。

実行例 sampleファイルを100行ごとに分割し、s_sample～ファイルに出力する

```
$ split -100 sample s_sample.↵
$ ls↵
sample.txt    s_sample.aa    s_sample.ab    s_sample.ac
```

ss

ネットワークの状況を表示する。

書式 ss [オプション]

● 主なオプション

-a, --all	すべてのソケット※2を表示する
-l, --listening	待ち受けている（リッスンしている）ソケットを表示する
-t, --tcp	TCPの情報を表示する
-u, --udp	UDPの情報を表示する
-n, --numeric	名前解決せずに数値のまま表示する
-p, --programs	PIDやプロセス名も表示する（root権限が必要）
-r, --resolve	ホスト名を名前解決する
-4, --ipv4	IPv4のみ表示する
-6, --ipv6	IPv6のみ表示する

netstatコマンドに代わるコマンドで、開いているポートなどを表示するために使われます。

実行例 待ち受けているTCPポートを表示する

```
$ ss -tl
State      Recv-Q Send-Q   Local Address:Port          Peer Address:Port
LISTEN     0      128        127.0.0.1:mysql                      *:*
LISTEN     0      128                *:ssh                        *:*
LISTEN     0      5          127.0.0.1:ipp                        *:*
LISTEN     0      100                *:smtp                       *:*
LISTEN     0      128              :::http                       :::*
LISTEN     0      128              :::ssh                        :::*
LISTEN     0      5                ::1:ipp                       :::*
LISTEN     0      100              :::smtp                       :::*
LISTEN     0      128              :::https                      :::*
```

関連コマンド netstat

※2 ソケット（socket）はプロセスが外部との通信に使う窓口です。

CentOS Ubuntu Raspbian WSL openssh-client

ssh

SSHプロトコルで接続する。

書式 ssh [オプション] [ユーザー名@]ホスト [コマンド]

●主なオプション

オプション	説明
-p ポート番号	ポート番号を指定する（デフォルトは22番ポート）
-l ユーザー名	接続するユーザーを指定する（省略時はコマンドの実行ユーザー）
-i ファイル名	秘密鍵ファイルを指定する
-t	仮想端末を割り当てる（多段ログイン時など）
-f	バックグラウンドで実行する
-N	ポート転送のみを行う
-L ローカルポート:リモートホスト:リモートポート	ローカルポートへのアクセスをリモートホストのリモートポートに転送する
-R ローカルポート:リモートホスト:リモートポート	リモートホストのリモートポートへのアクセスをローカルホストのローカルポートに転送する

SSHを使ってリモートホストにログインします。接続先ホストはホスト名かIPアドレスで指定します。ユーザー名を指定しない時は、sshコマンドを実行したユーザーでログインを試みます。接続先ホストでは、SSHサーバーが稼働している必要があります。SSHでの通信は暗号化されるため、安全な通信が可能です。リモートサーバーにログインして操作するため、標準的に使われています。また、多くのLinuxディストリビューションでは、SSHサーバーサービスが標準で起動しています。

実行例 リモートホストsv1.example.comにSSHで接続する

```
$ ssh sv1.example.com↵
```

実行例 リモートホストsv1.example.comにユーザーnorthとしてSSHで接続する

```
$ ssh north@sv1.example.com↵
```

コマンドを指定すると、ログインは行わず、コマンドのみ実行して切断します。

実行例 リモートホストsv1.example.comにユーザーnorthとしてSSHで接続しdfコマンドのみ実行する

```
$ ssh north@sv1.example.com df↵
```

実行例 ローカルホストの10110番ポートに接続するとリモートホストpop.example.comの110番ポートに接続するようポート転送する

```
$ ssh -f -N -L 10110:pop.example.com:110 north@pop.example.com↵
```

関連コマンド ssh-copy-id | ssh-keygen | scp | telnet

ssh-copy-id

SSHの公開鍵をリモートホストに登録する。

書式 ssh-copy-id [オプション] [ユーザー名@]ホスト名

●主なオプション

-i ファイル名	秘密鍵ファイルを指定する
-p ポート番号	ポート番号を指定する（デフォルトは22番ポート）

SSHの公開鍵をリモートホストに登録します。SSHで公開鍵認証を行うには、公開鍵を接続先ホストの~/.ssh/authorized_keysファイルに登録する必要があります。scpコマンドやsshコマンドを使って手動で登録することもできますが、ssh-copy-idコマンドはその処理を自動化します。

実行例 リモートホストsv1.example.comに公開鍵を登録する

```
$ ssh-copy-id sv1.example.com
/usr/bin/ssh-copy-id: INFO: Source of key(s) to be installed: "/home/north/.ssh/id_rsa.pub"
/usr/bin/ssh-copy-id: INFO: attempting to log in with the new key(s), to filter out any that are already installed
/usr/bin/ssh-copy-id: INFO: 1 key(s) remain to be installed -- if you are prompted now it is to install the new keys
north@sv1.example.com's password: ← パスワードを入力する

Number of key(s) added: 1

Now try logging into the machine, with:   "ssh 'sv1.example.com'"
and check to make sure that only the key(s) you wanted were added.
```

関連コマンド ssh | ssh-keygen

ssh-keygen

SSHで利用する公開鍵ペアを作成する。

書式 ssh-keygen [オプション]

● 主なオプション

-t タイプ	暗号化タイプを指定する（rsa1/rsa/dsa/ecdsa/ed25519）
-p	既存の鍵ファイルのパスフレーズを変更する
-l	鍵のフィンガープリントを表示する
-b ビット	暗号強度を指定する
-f ファイル名	鍵ファイルを指定する
-R ホスト名	指定したホストの情報をknown_hostsファイルから削除する

SSHの公開鍵認証などで利用する公開鍵・秘密鍵のペアを作成します。デフォルトではRSAアルゴリズムの鍵が作成されます※3。公開鍵・秘密鍵のデフォルトの鍵ファイル名は次のとおりです。

● 公開鍵・秘密鍵のファイル名

暗号アルゴリズム	公開鍵ファイル	秘密鍵ファイル
RSA（SSHバージョン1）	identity.pub	identity
RSA（SSHバージョン2）	id_rsa.pub	id_rsa
DSA	id_dsa.pub	id_dsa
ECDSA	id_ecdsa.pub	id_ecdsa
ED25519	id_ed25519.pub	id_ed25519

実行例 ECDSAで鍵ペアを作成する

```
$ ssh-keygen -t ecdsa
Generating public/private ecdsa key pair.
Enter file in which to save the key (/home/north/.ssh/id_ecdsa):
Enter passphrase (empty for no passphrase):
Enter same passphrase again:
Your identification has been saved in /home/north/.ssh/id_ecdsa.
Your public key has been saved in /home/north/.ssh/id_ecdsa.pub.
The key fingerprint is:
SHA256:4e/wxjhZx2gZT1ukXD5NfCS790hgQUGNeOGT0aHEGnI north@ubuntu.example.com
The key's randomart image is:
+---[ECDSA 256]---+
|           =O*o+.|
|         . Eo+==o+|
```

デフォルトの鍵ファイルでよいなら Enter

設定したいパスフレーズを入力

パスフレーズを再入力

※3 DSAやSSHバージョン1のRSAは安全性に問題があるので利用すべきではありません。

```
|        .o =B=.o.|
|       . .o.+o+..|
|        S  B oo..|
|         .= =. o.|
|        .*..  . .|
|        ++o      |
|         oo      |
+----[SHA256]-----+
----
```

秘密鍵はパスフレーズで保護されます。パスフレーズには空白も含めることができ、パスワードよりも長い文字列を指定することができます。

関連コマンド ssh | ssh-copy-id | scp

CentOS coreutils Ubuntu coreutils Raspbian coreutils WSL coreutils

stat ★★☆

ファイルやファイルシステムの状態を表示する。

書式 stat [オプション] ファイル名...

● 主なオプション

-f, --file-system	ファイル情報の代わりにファイルシステムの情報を表示する
-t, --terse	簡潔な形式で表示する

ファイルに関する情報を出力します。ls -lコマンドで出力されるよりも詳細な情報を一覧できます。-fオプションを指定すると、指定したファイルが存在するファイルシステムの情報が出力されます。

実行例 sample.txtファイルの情報を表示する

```
$ stat sample.txt↵
  File: 'sample.txt'
  Size: 60          Blocks: 8          IO Block: 4096   通常ファイル
Device: fc00h/64512d    Inode: 262016      Links: 1
Access: (0664/-rw-rw-r--)  Uid: ( 1000/centuser)   Gid: ( 1000/centuser)
Access: 2017-12-14 22:22:03.828326032 +0900
Modify: 2017-12-14 22:21:58.024399900 +0900
Change: 2017-12-14 22:21:58.024399900 +0900
 Birth: -
```

実行例 sample.txtファイルの存在するファイルシステムの情報を表示する

```
$ stat -f sample.txt↵
  File: "sample.txt"
    ID: 5bee77e64c492551 Namelen: 255     Type: ext2/ext3
Block size: 4096       Fundamental block size: 4096
Blocks: Total: 3459673    Free: 976206     Available: 794702
Inodes: Total: 887696     Free: 621571
```

関連コマンド ls

CentOS util-linux Ubuntu login Raspbian login WSL login

su ★★★

ユーザーIDを変更する。

書式 su [-] [ユーザー名 [引数]]

● 主なオプション

-	変更後のユーザーで直接ログインしたときと同じ状態に初期化される

ログイン中に、一時的に指定したユーザー（省略時はrootユーザー）になります※4。変更時には変更先ユーザーのパスワード入力が求められます。元のユーザーに戻るときはexitコマンドを実行します。

実行例 一般ユーザーからrootユーザーになる

```
$ su↵
```

実行例 centuserでログインした時と同じ状態にする

```
$ su - centuser↵
```

関連コマンド sudo

※4　現在では、管理者権限が必要な時、suコマンドでrootユーザーになるのではなく、sudoコマンドで管理者コマンドを実行するのが一般的です。

CentOS sudo Ubuntu sudo Raspbian sudo WSL sudo

sudo ★★★

別のユーザーとしてコマンドを実行する。

書式 sudo ［オプション］ コマンド

● 主なオプション

-i, --login	指定したユーザーでログインシェルを起動する
-s, --shell	指定したユーザーでシェルを起動する
-u ユーザー名, --user=ユーザー名	指定したユーザーで実行する

指定したユーザー（一般的にはrootユーザー）としてコマンドを実行します。管理者権限が必要なコマンドを一般ユーザーで実行したい場合に使います。sudoコマンドの利用には、あらかじめ/etc/sudoersファイルへの登録が必要です（visudoコマンド参照）。sudoコマンドの実行にあたっては自分のパスワードの入力が求められます（管理者ユーザーのパスワードではありません）。一度パスワードを入力すると、一定時間パスワードの再入力は必要ありません。

実行例 システムを再起動する

```
$ sudo systemctl reboot
[sudo] north のパスワード：  ← 自分のパスワードを入力する
```

実行例 rootユーザーとしてログインする

```
$ sudo -i
```

関連コマンド su | visudo

CentOS util-linux Ubuntu mount Raspbian mount

swapoff ★

スワップ領域を無効にする。

書式 swapoff ［オプション］ ファイル名

● 主なオプション

-a	/etc/fstab内のスワップ領域をすべて無効にする

スワップ領域を無効にします。引数には、スワップ領域が作成されたデバイスファイルもしくはファイル名を指定します。

実行例 /tmp/swapfileに作成されたスワップ領域を無効にする

```
# swapoff /tmp/swapfile
```

関連コマンド swapon

CentOS util-linux Ubuntu mount Raspbian mount

swapon

スワップ領域を有効にする。

書式 swapon [オプション] ファイル名

● 主なオプション

-a	/etc/fstab内のスワップ領域をすべて無効にする
-s	スワップ領域の情報を表示する

スワップ領域を有効にします。引数には、スワップ領域が作成されたデバイスファイルもしくはファイル名を指定します。

実行例 /dev/sdb5に作成されたスワップ領域を有効にする

```
# swapon /dev/sdb5
```

実行例 スワップ領域の情報を表示する

```
$ swapon -s
Filename                Type        Size    Used    Priority
/dev/sdb5               partition   1036284 112     -1
```

関連コマンド swapoff | mkswap

CentOS coreutils Ubuntu coreutils Raspbian coreutils

sync

ディスクバッファにあるデータをディスクに書き込む。

書式 sync

ファイルに対して書き込む動作をしても、実際にはすぐに書き込まれるとは限りません。データはいったんメモリ上のディスクバッファ領域に保存され、一定のタイミングでディスクに書き込まれます。ただしプログラムはディスクバッファに書き込んだ状態でファイルの書き込み処理を完了します。こうすることでディスクのパフォーマンスを向上させています。syncコマンドを実行すると、ディスクバッファ領域にあるデータをすぐにディスクに書き込み反映させます。

実行例 ディスクバッファ領域にあるデータを反映させる

```
$ sync
```

CentOS systemd Ubuntu systemd Raspbian systemd WSL systemd

systemctl

systemdサービスを管理する。

書式 systemctl サブコマンド [Unit名] [オプション]

● 主なサブコマンド

start	指定したUnitを起動する
stop	指定したUnitを停止する
restart	指定したUnitを再起動する
reload	指定したUnitの設定を再読込する
status	指定したUnitの状況を確認する
is-active	指定したUnitが起動しているかどうかを確認する
is-enabled	指定したUnitがシステム起動時に自動起動するかどうかを確認する
enable	システム起動時に指定したUnitを自動起動する
disable	システム起動時に指定したUnitを自動起動しない
mask	指定したUnitをマスクし手動で起動できないようにする
unmask	指定したUnitのマスクを解除する
kill	指定したUnitにシグナルを送る
list-dependencies	Unitの依存関係を表示する
list-units	起動しているすべてのUnitと状態を表示する
list-unit-files	インストールされているすべてのUnitを表示する
reboot	システムを再起動する
poweroff	システムをシャットダウンする

● 主なオプション

-t 種類, --type=種類	Unitの種類を指定する（service、target、deviceなど）
--state=状態	Unitの状態（STATE）を指定する（enabled、disabled、loaded、activeなど）
-l, --full	Unit名やプロセス名を省略せずに表示する
-s シグナル, --signal シグナル	指定したプロセスにシグナルを送信する

systemdを採用しているシステムで各種サービスを管理します※5。各種サービスはUnitという単位で管理されます。かつてのSysVinitと呼ばれるシステムでは、/etc/init.dディレクトリ以下のスクリプトによってサービスを制御していました。現在、主なディストリビューションはsystemdに移行しています。

実行例 メールサーバーPostfixサービスを起動する

```
# systemctl start postfix↵
```

※5 旧来のシステムとの互換性のため、serviceコマンドが使える場合もあります。

実行例 Postfixサービスを停止する

```
# systemctl stop postfix↵
```

実行例 Postfixサービスを再起動する

```
# systemctl restart postfix↵
```

実行例 Postfixサービスがシステム起動時に自動起動するよう設定する

```
# systemctl enable postfix↵
```

実行例 システム起動時に自動起動するサービスをすべて表示する

```
# systemctl list-unit-files -t service --state=enabled↵
```

実行例 システムをシャットダウンする

```
# systemctl poweroff↵
```

関連コマンド service | journalctl

CentOS coreutils Ubuntu coreutils Raspbian coreutils WSL coreutils

tac ★

ファイルの内容を逆順に表示する。

書式 tac [ファイル名]

ファイルの最終行から1行目までを逆順に出力します（catコマンドの逆）。

実行例 sample.txtファイルの内容を逆順に表示する

```
$ tac sample.txt
```

関連コマンド cat | rev

CentOS coreutils Ubuntu coreutils Raspbian coreutils WSL coreutils

tail ★★★

ファイルの末尾を表示する。

書式 tail [オプション] [ファイル名]

● 主なオプション

-行数, -n 行数	ファイルの末尾から指定した行数だけ表示する
-n +行番号	指定した行番号以降を表示する
-f	ファイルの末尾を継続的に表示し続ける（ログファイルなどの監視）

ファイルの末尾を表示します。行数を指定しなかった時は、デフォルトで末尾10行が表示されます。

実行例 /etc/passwdファイルの末尾10行を表示する

```
$ tail /etc/passwd
```

実行例 /etc/passwdファイルの末尾15行を表示する

```
$ tail -15 /etc/passwd
```

-fオプションを指定すると、ファイルの末尾を表示した後も終了せず、末尾にデータが追記されればそれを表示し続けます。ログファイルを継続してモニタする時に便利です。

実行例 /var/log/syslogファイルの末尾を表示し続ける（syslogファイルの監視）

```
# tail -f /var/log/syslog
```

関連コマンド head | tailf

CentOS util-linux Ubuntu util-linux Raspbian util-linux WSL util-linux

tailf

ファイルの末尾を表示し続ける。

書式 tailf ファイル名

ファイルの末尾を表示した後も終了せず、末尾にデータが追記されればそれを表示し続けます。ログファイルを継続してモニタする時に便利です。基本的にはtail -fコマンドと同じですが、ファイルへの追加書き込みがないとファイルへアクセスしないため、ノートPCなどで節電効果が期待できます。

実行例 /var/log/syslogファイルの末尾を表示し続ける（syslogファイルの監視）

```
# tailf /var/log/syslog
```

関連コマンド tail

CentOS tar Ubuntu tar Raspbian tar WSL tar

tar

アーカイブを作成・展開する。

書式 tar ［オプション］ ファイル名またはディレクトリ名

● 主なオプション

オプション	説明
-c, --create	アーカイブを作成する
-x, --extract, --get	アーカイブを展開する（省略可）
-t, --list	アーカイブ内をリスト表示する
-f ファイル名, --file ファイル名	アーカイブファイルを指定する
-z, --gzip, --gunzip	gzipを利用して圧縮/解凍する
-j, --bzip2	bzip2を利用して圧縮/解凍する
-J	xzを利用して圧縮/解凍する
-v, --verbose	処理したファイル名などの詳細情報を表示する
-r, --append	アーカイブの最後にファイルを追加する
-N 日付, --after-date 日付	指定した日付より新しいデータのみを対象とする
-u, --update	アーカイブ内の同名ファイルより新しいファイルだけを追加する
--delete	アーカイブからファイルを削除する

複数のファイルを1つのファイルにまとめたアーカイブを作成します※1。デフォルトでは圧縮しませんが、-z、-j、-Jオプションを使うことで圧縮ファイルにも対応します。tarコマンドの1文字オプションは「-」を省略できます。

※1 tarコマンドで作成、圧縮したファイルをtar ballといいます。

実行例 /home/penguinの圧縮アーカイブを/tmp/penguin.home.tar.bz2として作成する

```
$ tar cjf /tmp/penguin.home.tar.bz2 /home/penguin↵
```

実行例 sample.tar.gzをカレントディレクトリ内に展開する

```
$ tar xzf sample.tar.gz↵
```

実行例 アーカイブファイルsample.tar.gzに含まれるファイルを表示する

```
$ tar tzf sample.tar.gz↵
```


CentOS tcpdump Ubuntu tcpdump Raspbian tcpdump WSL tcpdump

tcpdump

パケットキャプチャを行う。

書式 tcpdump [オプション] 条件式

● 主なオプション

オプション	説明
-a	ネットワークアドレスとブロードキャストアドレスを名前解決する
-c 数	指定した数のパケットを受信したら終了する
-e	リンクレベルヘッダをそれぞれの出力行に表示する
-i インターフェース名	監視するネットワークインターフェースを指定する（デフォルトは-Dで出力されるリストの1番目）
-n	IPアドレスやポート番号を名前に変換しない
-p	プロミスキャスモード（無差別透過モード）にしない
-q	簡易的な出力とする
-r ファイル名	指定したファイルから読み込んで処理する
-s サイズ	キャプチャするバイト数を指定する
-t	時間情報を出力しない
-v	やや詳細に出力する（TTLなども表示される）
-vv	-vよりも詳細に出力する
-vvv	-vvよりも詳細に出力する
-w FILE	生パケットをそのままファイルに出力する（-rオプションで読み込める）
-x	パケットを16進数で表示する（リンクレベルヘッダを除く）
-A	パケットをASCII文字で表示する
-C サイズ	出力ファイルの最大サイズを指定（MiB単位）し、超えた場合は別ファイルにローテートする
-D	tcpdumpで利用できるネットワークインターフェースをリスト表示する
-F ファイル名	条件式が書かれたファイルを読み込む（これ以後引数に指定された条件式は無視）
-N	ドメイン名を表示せずホスト名のみ表示する
-S	TCPシーケンス番号を絶対値で表示する
-X	16進数とASCII文字列で表示する

● 条件式の修飾子

type	種類を表す（host：ホスト、net：ネット、port：ポート）デフォルトはhost
dir	方向を表す（src：送信元、dst：宛先、src or dst：送信元または宛先、src and dst：送信元かつ宛先）デフォルトはsrc or dst
proto	プロトコルを表す（ether、fddi、mopdl、ip、ip6、arp、rarp、decnet、lat、sca、moprc、mopdl、icmp、icmp6、tcp、udp）

ネットワークインターフェースを監視し、到達したデータを標準出力に出力します。いわゆるパケットキャプチャです※2。

実行例 80番ポート宛のパケットをキャプチャする

```
# tcpdump -ni enp2s0 dst port 80
tcpdump: verbose output suppressed, use -v or -vv for full protocol decode
listening on enp2s0, link-type EN10MB (Ethernet), capture size 262144 bytes
21:08:00.852625 IP 191.96.249.136.33072 > 192.168.1.33.80: Flags [S], seq 3002581035, win 29200, options [mss 1460,sackOK,TS val 1842747234 ecr 0,nop,wscale 7], length 0
(省略) ← Ctrl + C で停止
17 packets captured ← キャプチャしたパケット数
17 packets received by filter ← 指定した条件にマッチしたパケット数
0 packets dropped by kernel ← カーネルが破棄したパケット数
```

実行例 53番ポート（DNS）宛のパケットをキャプチャしASCII文字も合わせて表示する

```
# tcpdump -X -i enp2s0 dst port 53
tcpdump: verbose output suppressed, use -v or -vv for full protocol decode
listening on enp2s0, link-type EN10MB (Ethernet), capture size 262144 bytes
21:11:10.604555 IP 192.168.1.33.35356 > corega.home.domain: 33174+ A? www.google.com. (32)
        0x0000:  4500 003c 811b 0000 4011 7623 c0a8 0121  E..<....@.v#...!
(以下省略)
```

実行例 ICMPパケットをキャプチャする

```
# tcpdump -i enp2s0 icmp
tcpdump: verbose output suppressed, use -v or -vv for full protocol decode
listening on enp2s0, link-type EN10MB (Ethernet), capture size 262144 bytes
21:15:40.615437 IP 192.168.1.33 > sv1.lpi.jp: ICMP echo request, id 11433, seq 1, length 64
21:15:40.619507 IP sv1.lpi.jp > 192.168.1.33: ICMP echo reply, id 11433, seq 1, length 64
(以下省略)
```

※2 tcpdumpコマンドを実行すると、ネットワークデバイスはプロミスキャスモードで動作します。通常は自分宛のパケットしか受け取らないのが、プロミスキャスモード（無差別透過モード）では自分宛以外のパケットも受け取ります。

実行例 標準出力ではなくdumplogファイルにキャプチャ結果を出力する

```
# tcpdump -w dumplog -i enp2s0 icmp↵
```

実行例 dumplogファイルから読み込んで表示する

```
# tcpdump -r dumplog -i enp2s0 icmp↵
```

CentOS tcsh　Ubuntu tcsh　Raspbian tcsh　WSL tcsh

tcsh

★

tcshシェルを起動する。

書式 tcsh

tcshはCシェルを拡張し、ファイル名補完とコマンド行編集を追加したシェルです。bashと同様、対話的なシェルとしても、シェルスクリプトを実行するコマンドインタープリタとしても使えます。

実行例 tcshを起動する

```
$ tcsh↵
Ubuntu:~> exit↵  ← tcshを終了する
exit
```

関連コマンド bash | fish | zsh

CentOS coreutils　Ubuntu coreutils　Raspbian coreutils　WSL coreutils

tee

★★

標準出力とファイルに分岐する。

書式 tee ［オプション］［ファイル名］

● 主なオプション

オプション	説明
-a, --append	ファイルに上書きするのではなく追記する

標準入力から読み込んだデータを標準出力とファイルにT字型に分岐して出力します。コマンドの実行結果を画面上に表示すると同時にファイルにも保存する、といった場合に使います。

実行例 lsコマンドの実行結果をls.logファイルに保存するとともにwcコマンドにも渡す

```
$ ls -l | tee ls.log | wc -l↵
46
```

実行例 teeコマンドを使わずに上記の処理を実施する

```
$ ls -l > ls.log↵
$ ls -l | wc -l↵
```

CentOS telnet Ubuntu telnet Raspbian telnet WSL telnet

telnet ★★

telnetプロトコルで接続する。

書式 telnet [オプション] ホスト名/IPアドレス [ポート番号またはサービス名]

●主なオプション

-l ユーザー名	接続するユーザーを指定する

telnetは、もともとリモートホストへのログインに使用されていました。しかし通信は暗号化されないため、通信を盗聴されるとパスワード等の情報が簡単に漏れてしまいます。そのため、現在ではリモートログインにはほとんど用いられません。一方、ポート番号を任意に指定して実行できるため、サーバープログラムと通信するために使われることがよくあります。例えば、80番ポートを指定してWebサーバーに接続すれば、HTTPプロトコルを手動で入力してWebサーバーと対話できます。

実行例 ローカルホストの80番ポートに接続してWebサーバをテストする

```
$ telnet localhost 80↵
```

関連コマンド ssh | nc

CentOS bash組み込み[※3] Ubuntu bash組み込み Raspbian bash組み込み WSL bash組み込み

time ★★

コマンドの実行時間を計測する。

書式 time コマンド [引数]

指定したコマンドを実行し、その実行時間を計測して表示します。

※3 timeコマンドには、bashの組み込みコマンド以外にも、timeパッケージからインストールされる/usr/bin/timeもあります。こちらのtimeコマンドは出力フォーマットが異なります。

実行例 dateコマンドを実行して実行時間を表示する

```
$ time date↵
2017年 12月 14日 木曜日 21:37:57 JST ←── dateコマンドの実行結果

real    0m0.008s ←── dateコマンドの実行にかかった実時間
user    0m0.000s ←── ユーザーCPU時間
sys     0m0.004s ←── システムCPU時間
```


CentOS procps-ng Ubuntu procps Raspbian procps WSL procps

top ★★★

システムとプロセスの状況を継続的に表示する。

書式 top [オプション]

● 主なオプション

オプション	説明
-b	対話モードではなくバッチモードで実行する
-n 回数	表示を更新する回数を指定する（自動的に終了）
-d 秒	表示を更新する間隔を秒で指定する
-u ユーザー名	指定したユーザーのプロセスのみ監視する

システムとプロセスの状況を継続的に表示し続けます。デフォルトでは3秒ごとに更新されます。

実行例 topコマンドの実行例

```
top - 22:55:46 up 1 day,  4:04,  2 users,  load average: 0.25, 0.09, 0.02
Tasks: 129 total,   1 running, 128 sleeping,   0 stopped,   0 zombie
%Cpu(s):  0.2 us,  0.3 sy,  0.0 ni, 99.3 id,  0.2 wa,  0.0 hi,  0.0 si,  0.0 st
KiB Mem :  1013692 total,   105076 free,   102552 used,   806064 buff/cache
KiB Swap:  1036284 total,  1036172 free,      112 used.   859080 avail Mem

  PID USER      PR  NI    VIRT    RES    SHR S  %CPU %MEM     TIME+ COMMAND
12357 centuser  20   0    8964   3404   2928 R   0.7  0.3   0:00.28 top
 1445 mysql     20   0  588724  58108  13008 S   0.3  5.7   2:42.24 mysqld
    1 root      20   0    6716   5156   3808 S   0.0  0.5   0:10.47 systemd
    2 root      20   0       0      0      0 S   0.0  0.0   0:00.04 kthreadd
    3 root      20   0       0      0      0 S   0.0  0.0   0:00.85 ksoftirqd/0
    5 root       0 -20       0      0      0 S   0.0  0.0   0:00.00 kworker/0:0H
    7 root      20   0       0      0      0 S   0.0  0.0   0:04.42 rcu_sched
    8 root      20   0       0      0      0 S   0.0  0.0   0:00.00 rcu_bh
(以下省略)
```

1行目は現在時刻、起動後の経過時間、ログイン中のユーザー数、平均負荷（最近1分、5分、15分）が表示されています。2行目は実行プロセス数、実行状態、スリープ状態、停止状態、ゾンビ状態のプロセス数が表示されます。3行目はCPUの状態が表示されます。4～5行目はメモリとスワップの状況が表示されています。空行の下は、プロセスごとに状況が表示されます。ソート順は、デフォルトではCPU時間をより多く消費している順に表示されますが、対話的なキー操作で変更できます。

● topコマンドの表示項目

項目	説明
PID	PID
USER	ユーザー名
PR	実行優先度
NI	nice値
VIRT	使用中の仮想メモリ（KB）
RES	使用中の実メモリ（KB）
SHR	共有メモリサイズ（KB）
S	プロセスの状態（%）
%CPU	CPUの使用率（%）
%MEM	物理メモリの使用率（%）
TIME+	プロセスが開始してから使用したCPU時間の総計
COMMAND	実行コマンド

● topコマンド内での操作

キー操作	説明
スペース，Enter	表示を更新する
f	表示する項目を変更する
o	表示する項目の順を変更する
l	平均負荷を表示・非表示
m	メモリおよびスワップ欄を表示・グラフ・非表示
u	指定したユーザーのプロセスのみを表示する
t	プロセスとCPU状態を表示・非表示
P	プロセスをCPU使用率順にソートする
M	プロセスをメモリ使用率順にソートする
N	プロセスをPID順にソートする（降順）
T	プロセスを起動時間順にソートする
W	現在の設定を保持する
k	プロセスにシグナルを送信する
h, ?	ヘルプを表示する
q	topコマンドを終了する
A	表示モードを切り替える
d, s	更新間隔を変更する
<, >	ソートする項目を変更する

実行例 topコマンドをバッチモードで実行し10分ごとにファイルに出力する

```
$ top -b -d 600 >> top.log
```

関連コマンド uptime | vmstat | iotop | htop

CentOS coreutils Ubuntu coreutils Raspbian coreutils WSL coreutils

touch ★★★

ファイルのタイムスタンプを更新する。

書式 touch [オプション] ファイル名

● 主なオプション

-a	アクセス日時のみ変更する
-m	更新日時のみ変更する
-t 日時	日時を指定する([[CC]YY]MMDDhhmm[.ss])
-r ファイル名, --reference=ファイル名	指定したファイルの日時に合わせる

ファイルのタイムスタンプを変更します。-tオプションで日時を指定しなかった時は、現在の日時に変更されます。また、指定したファイルが存在しなかった場合は、サイズが0の空ファイルとして作成されます。テスト用の空ファイルの作成にも使われます。

実行例 sampleファイルのタイムスタンプを2017年11月10日12時30分に変更する

```
$ touch -t 201711101230 sample
```

実行例 空のファイルemptyfileを作成する

```
$ touch emptyfile
```

CentOS coreutils Ubuntu coreutils Raspbian coreutils WSL coreutils

tr

★★☆

文字列を変換する。

書式 tr [オプション] 文字列1 [文字列2]

● 主なオプション

-d, --delete	文字列1でマッチした文字列を削除する
-s, --squeeze-repeats	文字列1に含まれる文字が連続して存在した場合は1文字に置換する

標準入力から読み込まれた文字列を変換したり、削除したりし、標準出力に出力します。文字列は、次のような表記が利用できます。

● 文字列の表記

表記例	説明
a-z	アルファベットの小文字
A-Z	アルファベットの大文字
0-9	数字
[:alnum:]	アルファベットと数字
[:alpha:]	アルファベット
[:lower:]	アルファベットの小文字
[:upper:]	アルファベットの大文字
[:digit:]	数字
[:space:]	スペース

実行例 「a」を「@」に、「o」を「0」に変換する

```
$ echo "password" | tr 'ao' '@0'↵
p@ssw0rd
```

実行例 小文字を大文字に変換する

```
$ echo "password" | tr 'a-z' 'A-Z'↵
PASSWORD
$ echo "password" | tr '[:lower:]' '[:upper:]'↵
PASSWORD
```

実行例 sample.txt中の「:」をすべて削除する

```
$ tr -d ":" < sample.txt↵
```

実行例 sample.txt中の連続する空白をまとめる

```
$ tr -s " " < sample.txt↵
```

CentOS iputils Ubuntu iputils-tracepath Raspbian iputils-tracepath WSL iputils-tracepath

tracepath/tracepath6

ネットワーク経路を表示する。

書式 tracepath [オプション] ホスト名またはIPアドレス
tracepath6 [オプション] ホスト名またはIPアドレス

● 主なオプション

-b	ホスト名とIPアドレス両方を表示する
-p ポート番号	宛先のポート番号を指定する

指定したホストまでのネットワーク経路（パケットが通過するルーター）を表示します。同時にMTU（Ethernetフレームの最大転送サイズ）を探索します。宛先ホストがIPv6の場合はtracepath6コマンドを使います。同様の機能を持つtracerouteコマンドの後継となるコマンドです。

実行例 ホストwww.network-seminar.netまでの経路を表示する

```
$ tracepath www.network-seminar.net↵
 1?: [LOCALHOST]                                        pmtu 1500
 1:  192.168.186.1                                        0.257ms
 2:  xxxxxxxxxccxxxxe.bb.sakura.ad.jp                     0.402ms
 3:  xxxxxxxxxxxxxb-2.bb.sakura.ad.jp                     0.593ms
(省略)
11:  xxxxxxxxxx.sakura.ne.jp                              27.243ms reached
     Resume: pmtu 1500 hops 11 back 11
```

関連コマンド traceroute | traceroute6 | mtr

CentOS traceroute Ubuntu traceroute Raspbian traceroute WSL traceroute

traceroute/traceroute6

ネットワーク経路を表示する。

書式 traceroute [オプション] ホスト名またはIPアドレス
traceroute6 [オプション] ホスト名またはIPアドレス

● 主なオプション

-I, --icmp	探索にICMP Echoパケットを利用する
-T, --tcp	探索にTCP SYNパケットを利用する

指定したホストまでのネットワーク経路（パケットが通過するルーター）を表示します。また、それぞれの応答速度（ms：ミリ秒単位）も表示します。実行には管理者権限が必要

な場合があります。後継のtracepath/tracepath6コマンドを使った方がよいでしょう。

実行例 ホストwww.network-seminar.netまでの経路を表示する

```
$ traceroute www.network-seminar.net↵
traceroute to www.network-seminar.net (49.212.175.58), 30 hops max, 60 byte
packets
 1  192.168.186.1 (192.168.186.1)  1.195 ms  1.169 ms  1.124 ms
 2  xxxxxxxxxxxxxxxe.bb.sakura.ad.jp (172.10.114.209)  2.319 ms  2.314 ms
2.303 ms
 3  xxxxxxxxxxxxxxx1.bb.sakura.ad.jp (172.10.113.17)  1.027 ms xxxxxxxxxxx2.
bb.sakura.ad.jp
(省略)
11  xxxxxxxxxx.sakura.ne.jp (49.212.175.58)  27.085 ms  26.510 ms  26.780 ms
```

関連コマンド tracepath | tracepath6

CentOS tree Ubuntu tree Raspbian tree WSL tree

tree ★★

ファイルやディレクトリをツリー状に表示する。

書式 tree [オプション] [ディレクトリ]

● 主なオプション

-a	"."で始まる名前のファイルも表示する
-d	ディレクトリのみを表示する
-o ファイル名	指定したファイルに出力する
-p	パーミッションも表示する
-u	所有者も表示する
-g	所有グループも表示する

指定したディレクトリ以下(省略時はカレントディレクトリ以下)のファイルやディレクトリをツリー状に表示します。階層構造を明確に確認したい場合に便利です。

実行例 カレントディレクトリ以下をツリー状に表示する

```
$ tree↵
.
├── dutest
│   ├── data
│   │   └── file3
│   ├── file1
│   └── file2
├── env.log
```

```
├── nano.bak
(以下省略)
```

関連コマンド ls

CentOS coreutils Ubuntu coreutils Raspbian coreutils WSL coreutils

tty

端末のファイル名を表示する。

書式 tty

標準入力に接続されている端末のファイル名を表示します。コンソールであれば/dev/tty0、/dev/tty1など、端末ウィンドウやSSH接続環境であれば/dev/pts/0、/dev/pts/1...といった端末名になります。

実行例 端末のファイル名を表示する

```
$ tty
/dev/pts/0
```

関連コマンド stty

CentOS e2fsprogs Ubuntu e2fsprogs Raspbian e2fsprogs

tune2fs

★

ext2/ext3/ext4ファイルシステムのパラメータを調整する。

書式 tune2fs [オプション] デバイスファイル名

●主なオプション

-c 回数	ファイルシステムチェックが行われるまでの最大マウント回数を指定する（0ならチェックしない）
-C 回数	ファイルシステムがマウントされた回数を設定する
-i 時間間隔	ファイルシステムチェックの最大時間間隔を設定する（日単位、mなら月、wなら週）
-j	ext2からext3ファイルシステムに変換する
-m 領域%	rootユーザー用の予約領域のサイズを指定する（%単位で指定）
-l	スーパーブロックの内容を表示する
-L ラベル	ファイルシステムのボリュームラベルを設定する
-U UUID	UUIDを設定する

ext2/ext3/ext4ファイルシステムの各種パラメータを設定または表示します。パラメータを変更する場合は、ファイルシステムをアンマウントしておくか、読み取り専用でマウ

ントしておきます。

実行例 ext2ファイルシステムをext3ファイルシステムに変換する

```
# tune2fs -j /dev/sdb5↵
```

実行例 /dev/sda1にラベル「/boot」を設定する

```
# tune2fs -L /boot /dev/sda1↵
```

関連コマンド mke2fs | debugfs

CentOS Ubuntu Raspbian WSL bash組み込み

type ★★☆

コマンドの種類を表示する。

書式 type コマンド

Linuxのコマンドには、シェル組み込みコマンド、エイリアス、シェル関数、実行ファイル（外部コマンド）など、さまざまな種類があります。typeコマンドは指定したコマンドの種類を表示します。

実行例 コマンドの種類を表示する

```
$ type cat↵
cat は /bin/cat です ← 外部コマンド
$ type echo↵
echo はシェル組み込み関数です ← 組み込みコマンド/関数
$ type vi↵
vi は `vim' のエイリアスです ← エイリアス
$ type for↵
for はシェルの予約語です ← シェルの予約後
```

関連コマンド which

Ubuntu libc-bin Raspbian libc-bin

tzselect ★☆☆

タイムゾーンを選択する。

書式 tzselect

地域ごとに区分された標準時間帯をタイムゾーンといいます。日本は「Asia/Tokyo」のように表記します。タイムゾーンは、例えば環境変数TZに設定しますが、タイムゾーン表記がわからない場合はtzselectコマンドを実行し、問いに答えていくと、適切なタイムゾーンが表示されます。

実行例 日本でタイムゾーンを選択する

```
# tzselect↵
Please identify a location so that time zone rules can be set correctly.
Please select a continent, ocean, "coord", or "TZ".
 1) Africa
 2) Americas
 3) Antarctica
 4) Asia
 5) Atlantic Ocean
 6) Australia
 7) Europe
 8) Indian Ocean
 9) Pacific Ocean
10) coord - I want to use geographical coordinates.
11) TZ - I want to specify the time zone using the Posix TZ format.
#? 4 ←── Asiaの「4」を選択
Please select a country whose clocks agree with yours.
 1) Afghanistan           18) Israel               35) Palestine
 2) Armenia               19) Japan                36) Philippines
 3) Azerbaijan            20) Jordan               37) Qatar
 4) Bahrain               21) Kazakhstan           38) Russia
 5) Bangladesh            22) Korea (North)        39) Saudi Arabia
 6) Bhutan                23) Korea (South)        40) Singapore
 7) Brunei                24) Kuwait               41) Sri Lanka
 8) Cambodia              25) Kyrgyzstan           42) Syria
 9) China                 26) Laos                 43) Taiwan
10) Cyprus                27) Lebanon              44) Tajikistan
11) East Timor            28) Macau                45) Thailand
12) Georgia               29) Malaysia             46) Turkmenistan
13) Hong Kong             30) Mongolia             47) United Arab Emirates
14) India                 31) Myanmar (Burma)      48) Uzbekistan
15) Indonesia             32) Nepal                49) Vietnam
16) Iran                  33) Oman                 50) Yemen
17) Iraq                  34) Pakistan
#? 19 ←── 日本の「19」を選択

The following information has been given:

        Japan

Therefore TZ='Asia/Tokyo' will be used.
```

T tzselect

```
Local time is now:      Sat Dec 16 21:36:27 JST 2017.
Universal Time is now:  Sat Dec 16 12:36:27 UTC 2017.
Is the above information OK?
1) Yes
2) No
#? 1 ←——これでよければ「1」

You can make this change permanent for yourself by appending the line
        TZ='Asia/Tokyo'; export TZ ←環境変数TZの書き方（~/.bash_profileなどに記述）
to the file '.profile' in your home directory; then log out and log in
again.

Here is that TZ value again, this time on standard output so that you
can use the /usr/bin/tzselect command in shell scripts:
Asia/Tokyo
```

CentOS ufw Ubuntu ufw Raspbian ufw

ufw

ファイヤウォールを設定する。

書式 ufw サブコマンド

● 主なサブコマンド

enable	ファイヤウォールを有効にする
disable	ファイヤウォールを無効にする
status	ファイヤウォールの状態を表示する
status numbered	ルールの一覧をナンバー付きで表示する
status verbose	ルールの一覧を詳細に表示する
default allow|deny|reject	デフォルトでパケットの通過を許可するか（allow）破棄するか（deny）拒否するか（reject）を指定する。入出力を指定する時はincoming（入力）/outgoing（出力）/routed（転送）いずれかを末尾に指定する
reset	ルールをリセットする
app list	許可されたリストを表示する
allow ポート[/プロトコル]	指定したポートを許可する
allow サービス名	指定したサービスを許可する
allow from IPアドレス	指定したIPアドレスからの接続を許可する
limit サービス名またはポート	指定したサービスへの繰り返される試行を拒否する
delete ルール	指定したルールを削除する

ufw（Uncomplicated FireWall）コマンドは、iptablesコマンドのフロントエンドとして、簡単にファイヤウォールを設定するためのコマンドです。Ubuntuではデフォルトのファイヤウォールサービスとして使われています※1。

実行例 ファイヤウォールを有効にする

```
# ufw enable
```

実行例 SMTP接続を許可する

```
# ufw allow smtp
```

実行例 80番ポートを許可する

```
# ufw allow 80
```

※1 CentOSでも利用可能ですが、パッケージとしては用意されていないため、本書では除外しています。

実行例 80番ポート（TCP）を許可する

```
# ufw allow 80/tcp↵
```

実行例 デフォルトでパケットの通過を拒否する

```
# ufw default deny↵
```

実行例 SSHに繰り返される試行を拒否する

```
# ufw limit ssh↵
```

実行例 192.168.1.0/24からの接続を許可する

```
# ufw allow from 192.168.1.0/24↵
```

実行例 ファイヤウォールの状態を確認する

```
# ufw status↵
状態： アクティブ

To                  Action      From
--                  --          --
22                  ALLOW       Anywhere
80                  ALLOW       Anywhere
22 (v6)             ALLOW       Anywhere (v6)
80 (v6)             ALLOW       Anywhere (v6)
```

関連コマンド iptables | firewall-cmd

CentOS Ubuntu Raspbian WSL bash組み込み

ulimit ★★

シェルで利用できるシステムリソースを制限する。

書式 ulimit ［オプション］

● 主なオプション

-a	制限の設定値をすべて表示する
-H	ハードリミットを設定する
-S	ソフトリミットを設定する
-c サイズ	生成されるコアファイル※2のサイズを指定する

※2 プロセスが異常終了する際にメモリの内容を出力するファイル。プログラムのデバッグに使用します。

-f サイズ	シェルが生成できるファイルの最大サイズ（ブロック単位）を指定する
-n 数	同時に開くことのできるファイルの最大数（ファイルディスクリプタ数）を指定する
-u プロセス数	ユーザーが利用できる最大プロセス数を指定する
-v サイズ	シェルが利用できる最大仮想メモリサイズ（Kバイト）を指定する
-T 数	最大のスレッド数を指定する

CPU処理やメモリなど、シェル上でプロセスが利用可能なシステムリソースの制限を調整します。設定はユーザーごとに行います。制限値には、ハードリミットとソフトリミットがあります。一般ユーザーは値を小さく変更することができます。

実行例 システムリソースの制限設定（ハードリミット）を表示する

```
$ ulimit -aH
core file size          (blocks, -c) 1024
data seg size           (kbytes, -d) unlimited
scheduling priority             (-e) 0
file size               (blocks, -f) unlimited
pending signals                 (-i) 7630
max locked memory       (kbytes, -l) 64
max memory size         (kbytes, -m) unlimited
open files                      (-n) 1048576
pipe size            (512 bytes, -p) 8
POSIX message queues     (bytes, -q) 819200
real-time priority              (-r) 0
stack size              (kbytes, -s) unlimited
cpu time               (seconds, -t) unlimited
max user processes              (-u) 7630
virtual memory          (kbytes, -v) unlimited
file locks                      (-x) unlimited
```

実行例 最大プロセス数を1000に設定する

```
$ ulimit -u 1000
```

実行例 最大プロセス数のソフトリミットを表示する

```
$ ulimit -S -u
1000
```

CentOS Ubuntu Raspbian WSL bash組み込み

umask ★★★

ファイルやディレクトリのデフォルトのアクセス権を表示・設定する。

書式 umask [マスク値]

ファイルやディレクトリを作成した時に設定されるデフォルトのアクセス権は、マスク値で決まります※3。マスク値は4桁の8進数値で、ファイルは666 (0666) からマスク値を、ディレクトリは777 (0777) からマスク値を引いた値がデフォルトのアクセス権として適用されます。コマンドのみを実行すると、現在のマスク値が表示されます。

実行例 現在のマスク値を表示する

```
$ umask
0002
```

ファイルであれば「0666-0002=0664」、ディレクトリであれば「0777-0002=0775」がデフォルトのアクセス権となります。マスク値を「0027」に設定すると、ファイルは0640 (rw-r-----)、ディレクトリは0750 (rwxr-x---) となります。

実行例 マスク値を「0027」に設定する

```
$ umask 0027
```

CentOS util-linux Ubuntu mount Raspbian mount

umount ★★★

マウントを解除する。

書式 umount [オプション] [デバイスファイル名またはマウントポイント]

●主なオプション

-a	/etc/mtabに記載されているすべてのファイルシステムをアンマウントする

マウントを解除 (アンマウント) します。引数にはマウントポイントまたはデバイスファイル名を指定します。マウント中のファイルシステムを利用しているユーザーがいる時はアンマウントできません※4。

※3 デフォルトのマスク値は/etc/profile等で設定されています。
※4 誰がファイルシステムを利用しているかを調べるにはfuserコマンドを使います。

実行例 マウントポイント/dataにマウントしているファイルシステムをアンマウントする

```
# umount /data↵
```

関連コマンド mount

CentOS Ubuntu Raspbian WSL bash組み込み

unalias

★★

エイリアスを削除する。

書式 unalias [-a] エイリアス名

● 主なオプション

-a	すべてのエイリアスを削除する

指定したエイリアスを削除します。

実行例 エイリアスlsdirを削除する

```
$ unalias lsdir↵
```

関連コマンド alias

CentOS coreutils Ubuntu coreutils Raspbian coreutils WSL coreutils

uname

システム情報を表示する。

書式 uname [オプション]

● 主なオプション

-a, --all	すべての情報を表示する
-m, --machine	マシンのアーキテクチャを表示する
-n, --nodename	マシンのホスト名を表示する
-o, --operating-system	OSを表示する
-p, --processor	CPUタイプ（アーキテクチャ）を表示する
-r, --kernel-release	カーネルリリースを表示する
-s, --kernel-name	カーネルの名称を表示する
-v, --kernel-version	カーネルの詳細なバージョンを表示する

OS名やカーネルバージョンなど、システムに関する情報を表示します。

実行例 カーネルリリース（カーネルバージョン）を表示する

```
$ uname -r
4.4.0-98-generic
```

実行例 「/lib/modules/カーネルバージョン」ディレクトリを表示する

```
$ ls /lib/modules/`uname -r`
```
← ``内は実行結果に置き換わる

関連コマンド lsb_release | arch

CentOS coreutils Ubuntu coreutils Raspbian coreutils WSL coreutils

unexpand ★☆☆

連続した空白をタブに変換する。

書式 unexpand ［オプション］［ファイル名］

● 主なオプション

-a	行頭以外の空白も変換する
-t タブ幅	タブ幅を指定する（デフォルトは8桁）

行頭にある連続した空白をタブに変換し標準出力に出力します。-aオプションを指定した時は、行頭以外にある連続した空白をタブに変換します。

実行例 sample.txtファイル内の行頭の空白を4桁のタブに変換しsample.tab.txtとして保存する

```
$ unexpand -t 4 sample.txt > sample.tab.txt
```

関連コマンド expand

CentOS coreutils Ubuntu coreutils Raspbian coreutils WSL coreutils

uniq ★★☆

重複している行をまとめる。

書式 uniq ［オプション］［入力ファイル名 ［出力ファイル名］］

● 主なオプション

-c, --count	行の前に出現回数を出力する
-i, --ignore-case	大文字と小文字の違いは無視する
-u, --unique	重複していない行だけを出力する

入力されたテキストデータを調べ、まったく同じ内容の行が連続していれば、重複行を

1行にまとめて出力します。内容が同じ行でも、連続していなければuniqコマンドは検出しません。事前にsortコマンドを使ってソートしておくとよいでしょう。

実行例 sample.txtファイルをソートし、重複行をまとめて表示する

```
$ cat sample.txt ↵        ← ample.txtファイルを表示する
CentOS
Ubuntu ←  これらの行が
Ubuntu ←  連続して重複している
Raspbian
Ubuntu
$ sort sample.txt | uniq ↵        ← sample.txtをソートして重複行を削除する
CentOS
Raspbian
Ubuntu
$ uniq sample.txt ↵
CentOS
Ubuntu
Raspbian
Ubuntu ←  ソートしない場合はこの行は削除されない
```

関連コマンド comm | join | sort

CentOS unrar Ubuntu unrar Raspbian unrar WSL unrar

unrar

★☆☆

rarで作成されたアーカイブを展開する。

書式 unrar サブコマンド [オプション] ファイル

● 主なサブコマンド

e	カレントディレクトリに展開する
l	アーカイブ内のファイルを一覧表示する
p	標準出力に展開する
t	アーカイブを検証する
x	アーカイブ内のディレクトリ構成で展開する

● 主なオプション

-c-	コメントを表示しない
-ierr	すべてのメッセージを標準エラー出力に出力する
-inul	メッセージを表示しない
-o+	既存のファイルを上書きする
-o-	既存のファイルを上書きしない
-y	すべての問い合わせにyesで答える

rarで作成されたアーカイブ（RAR形式）ファイルを展開します。

実行例 sample.rarアーカイブを展開する

```
$ unrar x sample.rar↵
```

関連コマンド rar

CentOS Ubuntu Raspbian WSL bash組み込み

unset ★★★

シェル変数や関数を削除する。

書式 unset ［オプション］［変数名や関数名］

● 主なオプション

-f	シェル関数を指定する
-v	シェル変数を指定する

定義済みのシェル関数やシェル変数を削除します。読み取り専用になっている変数は削除できません。

実行例 変数varを削除する

```
$ unset var↵
```

関連コマンド set | export

CentOS xz-utils Ubuntu xz-utils Raspbian xz-utils WSL xz-utils

unxz ★★

xzで圧縮されたファイルを伸張する。

書式 unxz ［オプション］［ファイル］

● 主なオプション

-k, --keep	展開後に元のファイルを削除しない

xzで圧縮されたファイルを伸張します。伸張後に圧縮ファイルは削除されます。元の圧縮ファイルを残すには、-kオプションを指定します。

実行例 sampledata.xzファイルを伸張する

```
$ unxz sampledata.xz↵
```

関連コマンド xz

CentOS unzip Ubuntu unzip Raspbian unzip WSL unzip

unzip

zipで圧縮されたファイルを伸張する。

書式 unzip [オプション] ファイル名

● 主なオプション

-c	標準出力に出力する
-l	圧縮ファイルの内容を表示する
-t	圧縮ファイルをテストする

zipで圧縮されたファイルを伸張します。

実行例 log.zipファイルを展開する

```
$ unzip log.zip↵
```

関連コマンド zip

CentOS mlocate Ubuntu mlocate Raspbian mlocate WSL mlocate

updatedb

ファイル名データベースを更新する。

書式 updatedb

locateコマンドが利用するファイル名データベースを更新します。ファイル名データベースは通常、crontabを使って定期的に更新されていますので（UbuntuやCentOSでは1日に一度）、手動で実行が必要になることはあまりないでしょう※5。

実行例 ファイル名データベースを更新する

```
# updatedb↵
```

関連コマンド locate

※5 WSLでは定期的な更新の仕組みがないので、手動でアップデートしてください。

CentOS procps-ng Ubuntu procps Raspbian procps WSL procps

uptime

★★

システムの稼働時間を表示する。

書式 uptime [オプション]

●主なオプション

-p, --pretty	システムの稼働時間のみを表示する
-s, --since	システムが起動した日時を表示する

システムが起動してからの稼働時間を表示します。次の例では、現時刻が0時2分10秒であり、2日と14時間2分の間稼働していることを示します。また、ログインユーザー数と平均負荷も表示されます。

実行例 システムの稼働時間を表示する

```
$ uptime
 00:02:10 up 2 days, 14:02,  1 user,  load average: 0.12, 0.08, 0.09
```

平均負荷は、CPUがほかのプロセスを処理中であるために実行待ちとなっているプロセスの平均数で、過去1分間、5分間、15分間の平均数を表します。この数値が、システムに搭載されているCPUコアの数を越えているなら、何らかの処理待ちが発生していると考えられます。例えば4コアのCPUを搭載しているマシンでは、4.00が閾値です。定常的にその数値を超えているようなら、何らかの対処を考えた方がよいでしょう。

関連コマンド top

CentOS shadow-utils Ubuntu passwd Raspbian passwd WSL passwd

useradd

★★★

ユーザーを作成する。

書式 useradd [オプション] ユーザー名

●主なオプション

-d ディレクトリ, --directory ディレクトリ	ホームディレクトリを指定する
-g グループ名, --gid グループ名	プライマリグループを指定する
-G グループ名, --groups グループ名	サブグループを指定する
-s シェルのパス, --shell シェルのパス	ログインシェルを指定する
-u UID, --uid UID	UIDを指定する
-r, --system	システムアカウントを作成する
-m, --create-home	ユーザーのホームディレクトリを作成する

-k ディレクトリ, --skel ディレクトリ	ホームディレクトリのひな形ディレクトリを指定する(デフォルトは/etc/skel)
-D, --defaults	デフォルト設定を表示する※6

指定したユーザー名のユーザーを作成します。Ubuntuの場合はadduserコマンドを使ってユーザーを作成した方がよいでしょう。

実行例 wheelグループに所属するnorthユーザーを作成する

```
$ useradd -G wheel north↵
```

実行例 デフォルトの設定を表示する

```
$ useradd -D↵
GROUP=100
HOME=/home
INACTIVE=-1
EXPIRE=
SHELL=/bin/sh
SKEL=/etc/skel
CREATE_MAIL_SPOOL=no
```

関連コマンド adduser | userdel | usermod

CentOS shadow-utils Ubuntu passwd Raspbian passwd WSL passwd

userdel ★★★

ユーザーを削除する。

書式 userdel [オプション] ユーザー名

● 主なオプション

-r, --remove	ホームディレクトリも削除する

指定したユーザーを削除します。ユーザー名のみを指定して削除すると、ユーザーのホームディレクトリは残されます。-rオプションを指定するとホームディレクトリも削除します※7。

※6 設定は/etc/default/useraddで設定します。
※7 ホームディレクトリを残してユーザーを削除し、後にホームディレクトリが不要になった場合は、rmコマンドでホームディレクトリを削除すればよいでしょう。

実行例 northユーザーをホームディレクトリごと削除する

```
# userdel -r north
```

関連コマンド useradd | adduser | usermod

CentOS shadow-utils Ubuntu passwd Raspbian passwd WSL passwd

usermod

★★

ユーザー情報を変更する。

書式 usermod [オプション] ユーザー名

● 主なオプション

-a, --append	参加するサブグループを追加する
-c コメント, --comment コメント	コメントを指定する
-d ディレクトリ, --home ディレクトリ	ホームディレクトリを指定する
-g グループ名, --gid グループ名	プライマリグループを指定する
-G グループ名, --groups グループ名	サブグループを指定する
-s シェルのパス, --shell シェルのパス	ログインシェルを指定する
-u UID, --uid UID	UIDを指定する
-L, --lock	ユーザーアカウントをロックする
-U, --unlock	ユーザーアカウントのロックを解除する

ユーザー情報を変更します。/etc/passwdファイルや/etc/shadowファイル、/etc/groupファイルを編集するのと同等ですが、編集ミスの発生しないusermodコマンドを使った方が安全です。

実行例 ユーザーnorthの参加グループをnetworkグループにする（プライマリグループは変更しない）

```
# usermod -G network
```

実行例 ユーザーnorthをnetworkグループにも参加させる（既存のサブグループに追加する）

```
# usermod -a -G network north
```

アカウントをロックし、一時的にログインできないようにすることもできます。ロックを解除するには-U（--unlock）オプションを使います。

実行例 ユーザーnorthのアカウントをロックしログインできないようにする

```
# usermod -L north
```

関連コマンド useradd | adduser | userdel

CentOS lvm2 Ubuntu lvm2 Raspbian lvm2

vgchange

ボリュームグループの属性を変更する。

書式 vgchange ［オプション］ ボリュームグループ名

●主なオプション

-a y	ボリュームグループを有効化する
-a n	ボリュームグループを無効化する

ボリュームグループの属性を変更します。ボリュームグループを削除する際にボリュームグループの無効化が必要になることがあります。

実行例 ボリュームグループtestvgを無効化する

```
# vgchange -a n testvg
```

関連コマンド vgcreate | vgextend | vgreduce | vgrename | vgs

CentOS lvm2 Ubuntu lvm2 Raspbian lvm2

vgcreate

ボリュームグループを作成する。

書式 vgcreate ［オプション］ ボリュームグループ名 物理ボリューム名...

●主なオプション

-s サイズ	物理エクステントのサイズを指定する

物理ボリュームを束ねてボリュームグループを作成します。ボリュームグループには任意の名前を付けることができます。

実行例 物理ボリューム/dev/sdd5と/dev/sdd6からボリュームグループtestvgを作成する

```
# vgcreate testvg /dev/sdd5 /dev/sdd6
  Volume group "testvg" successfully created
```

実行例 物理エクステントのサイズを32Mバイトに指定してボリュームグループtestvgを作成する

```
# vgcreate -s 32M testvg /dev/sdd5 /dev/sdd6
```

関連コマンド vgchange | vgextend | vgreduce | vgrename | vgs

CentOS lvm2 Ubuntu lvm2 Raspbian lvm2

vgextend

★☆☆

ボリュームグループを拡張する。

書式 vgextend ボリュームグループ名 物理ボリューム名...

ボリュームグループに物理ボリュームを追加してボリュームグループを拡張します。

実行例 ボリュームグループtestvgに物理ボリューム/dev/sdd7を追加する

```
# vgextend testvg /dev/sdd7
  Volume group "testvg" successfully extended
```

関連コマンド vgchange | vgcreate | vgreduce | vgrename | vgs

CentOS lvm2 Ubuntu lvm2 Raspbian lvm2

vgreduce

★☆☆

ボリュームグループを縮小する。

書式 vgreduce ボリュームグループ名 物理ボリュームのパス...

ボリュームグループから物理ボリュームを削除してボリュームグループを縮小します。

実行例 ボリュームグループtestvgから物理ボリューム/dev/sdd7を削除する

```
# vgreduce testvg /dev/sdd7
  Removed "/dev/sdd7" from volume group "testvg"
```

関連コマンド vgchange | vgcreate | vgextend | vgrename | vgs

CentOS lvm2 Ubuntu lvm2 Raspbian lvm2

vgremove

ボリュームグループを削除する。

書式 vgremove ボリュームグループ名

指定したボリュームグループを削除します。

実行例 ボリュームグループtestvgを削除する

```
# vgremove testvg
  Volume group "testvg" successfully removed
```

関連コマンド vgchange | vgcreate | vgextend | vgrename | vgs

CentOS lvm2 Ubuntu lvm2 Raspbian lvm2

vgrename

ボリュームグループ名を変更する。

書式 vgrename 現在のボリュームグループ名 新しいボリュームグループ名

ボリュームグループの名前を変更します。

実行例 ボリュームグループ名をtestvgからnewVGに変更する

```
# vgrename testvg newVG
  Volume group "testvg" successfully renamed to "newVG"
```

関連コマンド vgchange | vgcreate | vgextend | vgreduce | vgs

CentOS lvm2 Ubuntu lvm2 Raspbian lvm2

vgs

ボリュームグループの情報を表示する。

書式 vgs [ボリュームグループ名]

ボリュームグループの情報を簡潔に表示します。引数を指定しなかった場合は、すべてのボリュームグループの情報を表示します。

実行例 ボリュームグループの情報を表示する

```
# vgs
  VG     #PV #LV #SN Attr   VSize   VFree
  testvg   2   0   0 wz--n- 992.00m 992.00m
```

関連コマンド vgchange | vgcreate | vgextend | vgreduce | vgrename

CentOS shadow-utils Ubuntu passwd Raspbian passwd WSL passwd

vigr

★☆☆

グループファイルを安全に編集する。

書式 vipw [オプション]

● 主なオプション

-s,--shadow	/etc/gshadowを開く

グループ情報ファイル/etc/groupファイルを編集します。環境変数VISUALまたは環境変数EDITORで指定されたエディタが起動します（デフォルトはvi）。-sオプションを指定すると、暗号化されたパスワードが含まれる/etc/gshadowファイルを編集します。編集中は、ファイルが壊れないようロックが設定されます。

実行例 /etc/groupファイルを編集する

```
# vigr
```

関連コマンド usermod | groupmod | vipw

CentOS vim、vim-minimal Ubuntu Raspbian WSL vim、vim-tiny

vim

★★☆

テキストファイルを編集する。

書式 vim [オプション] [ファイル名]

● 主なオプション

-R	読み取り専用でファイルを開く

UNIXで標準的に使われてきたエディタにviエディタがあります。vim（Vi IMproved）エディタはviを強化したエディタです※1。Linuxでは通常、viコマンドを実行するとvimエディタが起動します。vi/vimはいくつもの動作モードを持っており、キー入力がそのままテキストとして入力されるとは限りません。そのため、初心者にとっては扱いづらさがありますが、慣れると快適に利用できます。本書では基本的なキー操作のみ掲載しますので、基本的な操作は入門書等で確認してください。

※1 Ubuntuサーバー等では、vimの機能を限定したvim-tinyパッケージやvim-minimalパッケージがインストールされていることがあります。その場合はバックスペースキー等が使えません。vimパッケージを新しくインストールするとvimのフル機能が利用できるようになります。

● 入力モードへの移行※2

コマンド	説明
i	カーソルの前にテキストを入力する
a	カーソルの後にテキストを入力する
I	行頭の最初の文字にカーソルを移動し、その直前にテキストを入力する
A	行末にカーソルを移動し、その直後にテキストを入力する
o	カレント行※3の下に空白行を挿入し、その行でテキストを入力する
O	カレント行の上に空白行を挿入し、その行でテキストを入力する

● カーソル移動

コマンド	説明
h	1文字左へ移動する（←）
l	1文字右へ移動する（→）
k	1文字上へ移動する（↑）
j	1文字下へ移動する（↓）
0, ^	行の先頭へ移動する
$	行の末尾へ移動する
(	前の文の先頭へ移動する
)	次の文の先頭へ移動する
{	前の段落の先頭へ移動する
}	次の段落の先頭へ移動する
gg	ファイルの先頭行へ移動する
G	ファイルの最終行へ移動する
○G	ファイルの○行目へ移動する（○は数値）
:○	ファイルの○行目へ移動する（○は数値）
%	カーソル位置の括弧と対応する括弧へ移動する

● 編集操作

コマンド	説明
x	カーソル位置の文字を削除する（Delete）
X	カーソル位置の手前の文字を削除する（Backspace）
dd	カレント行を削除する
dw	カーソル位置から次の単語までを削除する
yy	カレント行をバッファにコピーする
p	カレント行の下にバッファの内容をコピーする
P	カレント行の上にバッファの内容を貼り付ける
r	カーソル位置の1文字を置換する
cc	カーソル位置の1行を置換する
u	アンドゥ（直前の動作を取り消す）
.	リドゥ（直前の動作を繰り返す）

※2 Esc キーを押すとコマンドモードに戻ります。
※3 カレント行とはカーソルのある行のことです。

● 検索・置換

コマンド	説明
/パターン	カーソル位置から後方に向かって指定したパターンの文字列を検索する
?パターン	カーソル位置から前方に向かって指定したパターンの文字列を検索する
n	次を検索する
N	次を検索する（逆方向）
:%s/A/B/	最初に見つかった文字列Aを文字列Bに置換する
:%s/A/B/g	すべての文字列Aを文字列Bに置換する

● 保存・終了

コマンド	説明
:q	保存せずに終了する（編集した場合は保存するか確認される）
:q!	編集中の内容を保存せずに終了する
:wq	編集中の内容を保存して終了する
ZZ	編集中の内容を保存して終了する
:w	編集中の内容でファイルを上書き保存する
:e!	最後に保存した内容に復帰する
:r ファイル名	指定したファイルの内容を可憐と行以降に読み込む
:r! コマンド	コマンドの実行結果をカーソル位置に挿入する

関連コマンド vimtutor

CentOS vimtutor Ubuntu vim-runtime Raspbian vim-runtime WSL vim-runtime

vimtutor ★☆☆

vimエディタのチュートリアルを始める。

書式 vimtutor

vimエディタのチュートリアルを開始します。チュートリアルの指示に従って操作するうちにvimエディタの基本操作を習得できます。演習用ファイルはvimtutorコマンドを実行するごとに作られるので、何度でも繰り返し練習できます。

関連コマンド vim

CentOS shadow-utils Ubuntu passwd Raspbian passwd WSL passwd

vipw ★☆☆

パスワードファイルを安全に編集する。

書式 vipw [オプション]

● 主なオプション

-s, --shadow	/etc/shadowを編集する

ユーザー情報情報ファイル/etc/passwdファイルを編集します。環境変数VISUALまたは環境変数EDITORで指定されたエディタが起動します（デフォルトはvi)。-sオプションを指定すると、暗号化されたパスワードが含まれる/etc/shadowファイルを編集します。編集中は、ファイルが壊れないようロックが設定されます。

実行例 /etc/passwdファイルを編集する

```
# vipw↵
```

関連コマンド usermod | groupmod | vigr

CentOS sudo Ubuntu sudo Raspbian sudo WSL sudo

visudo ★★

sudoersファイルを編集する。

書式 visudo

● 主なオプション

-c	内容のチェックのみ行う
-s	厳密なチェックを有効にする
-q	文法エラーの詳細を表示しない（-cオプションとともに）
-f ファイル名	sudoersファイルを指定する（デフォルトは/etc/sudoers）

sudoコマンドの設定ファイル/etc/sudoersを安全に編集します。実行すると、デフォルトのエディタで/etc/sudoersファイルが開かれます（vimまたはnanoエディタ)。

実行例 /etc/sudoersファイルを編集する

```
# visudo↵
```

実行例 /etc/sudoersファイルの書式

```
ユーザー名　ホスト名=(実行ユーザー名) [NOPASSWD:] コマンド
```

関連コマンド sudo

vmstat

★★

仮想メモリなどの統計を表示する。

書式 vmstat [オプション] [表示間隔 [回数]]

● 主なオプション

-S 単位, --unit 単位	表示する単位を指定する(k:1000、K:1024、m:1000000、M:1048576)
-d, --disk	ディスクの統計を表示する
-p デバイスファイル名, --partition デバイスファイル名	パーティションの統計を表示する

メモリと仮想メモリ、CPU、ディスクの詳細な状態を継続的に表示します。オプションを指定しないと、メモリや仮想メモリの統計が、指定された間隔(秒)、指定された回数だけ表示されます。

実行例 5秒間隔で5回表示する

```
$ vmstat 5 5↵
procs -----------memory---------- ---swap-- -----io---- -system-- ------cpu-----
 r  b   swpd   free   buff  cache   si   so    bi    bo   in   cs us sy id wa st
 1  0   4116  15612 124824 758868    0    0     1     2   17   19  0  0 100  0  0
 3  0   4316  15172 117208 766808    0   40  3774   284 1350 2947 13 39 45  3  0
 1  0   4476  13648 112720 772748    0   32  1997   212 1315 2981 13 39 45  3  0
 1  1   4532  15412 109632 773724    0   11   627  7581  526  656  2  9  9 80  0
 1  0   4560  14640 108720 775756    0    6   647  5866  777 1426  6 16 20 58  0
```

● メモリ統計情報の表示項目

表示項目	列	説明
procs	r	実行待ちプロセス数
	b	割り込み不可能なスリープ状態にあるプロセス
memory	swpd	スワップサイズ(Kバイト)
	free	空きメモリサイズ(Kバイト)
	buff	バッファに割り当てられているメモリサイズ(Kバイト)
	cache	キャッシュに割り当てられているメモリサイズ(Kバイト)
swap	si	ディスクからスワップインされているメモリサイズ(Kバイト/秒)
	so	ディスクへスワップアウトされているメモリサイズ(Kバイト/秒)
io	bi	ブロックデバイスから受け取ったブロック数
	bo	ブロックデバイスに送られたブロック数
system	in	1秒あたりの割り込み回数(クロック割り込みも含む)
	cs	1秒あたりのコンテキストスイッチの回数

cpu	us	ユーザープロセスがCPUを使用している時間の割合
	sy	カーネルがCPUを使用している時間の割合
	id	CPUがアイドル状態の時間の割合
	wa	ディスクI/O待ちの時間の割合
	st	ゲストOSがCPUを割り当てられなかった時間の割合

-dオプションを指定するとデバイスごとのディスクの統計情報を表示します。

実行例 ディスクの統計情報を表示する

```
$ vmstat -d↵
disk- ------------reads------------ ------------writes----------- -----IO------

       total merged sectors      ms  total merged sectors      ms    cur    sec
loop0      0      0       0       0      0      0       0       0      0      0
(省略)
sda    71195  17876 4275037   98840 125165  50584 3369400 8828084      0    285
dm-0   88234      0 4252510  136680 168926      0 3294768 8986416      0    283
dm-1     164      0    6716    6808    260      0    2080    7008      0      8
```

● ディスクモードの表示項目

表示項目	列	説明
reads	total	成功した読み込み総数
	merged	グループ化された読み込み数
	sectors	読み込みに成功したセクタ数
	ms	読み込みに使用した時間（ミリ秒）
writes	total	成功した書き出し総数
	merged	グループ化された書き出しの数
	sectors	書き出しに成功したセクタ数
	ms	書き出しに使用した時間（ミリ秒）
IO	cur	実行中のI/O
	sec	I/Oに使用した時間（秒）

-pオプションを指定するとパーティションの統計情報を表示します。

実行例 パーティション/dev/sda1の統計情報を表示する

```
$ vmstat -p /dev/sda1↵
sda1          reads   read sectors  writes    requested writes
                347          11036     358               72552
```

● ディスクパーティションモードの表示項目

表示項目	説明
reads	このパーティションからの読み込み総数
read sectors	このパーティションから読み出された総セクタ数
writes	このパーティションへの書き出し総数
requested writes	このパーティションへの書き出し要求の総数

関連コマンド　top ｜ free

CentOS procps-ng Ubuntu procps Raspbian procps WSL procps

w

ログインしているユーザーと実行コマンドを表示する。

書式 w [オプション] [ユーザー名]

● 主なオプション

-h, --no-header	ヘッダを表示しない
-u, --no-current	ログイン名と現在のユーザー名の違い（suでの変更など）を無視する
-s, --short	短いフォーマットで表示する
-i, --ip-addr	接続元ホスト名の代わりにIPアドレスを表示する

ログインしているユーザーと、そのユーザーが実行しているコマンドを表示します。ヘッダの1行目に表示される情報はuptimeコマンドの出力と同じです。

実行例 centuserユーザーのログイン情報のみ表示する

```
$ w centuser
 18:32:18 up  1:12,  2 users,  load average: 0.07, 0.02, 0.00
USER     TTY      FROM             LOGIN@   IDLE   JCPU   PCPU   WHAT
centuser pts/1    192.168.1.21     18:32    9.00s  0.56s  0.17s  vim  vmstat.log
```

関連コマンド who | last | lastlog | uptime

CentOS w3m Ubuntu w3m Raspbian w3m WSL w3m

w3m

テキストベースのWebブラウザ。

書式 w3m [オプション] URLまたはファイル

● 主なオプション

-I 文字コード	文字コードを指定する（e：EUC-JP、s：Shift-JIS、j：ISO-2022-JP）
-B	ブックマークを表示する
-bookmark ファイル	ブックマークファイルを指定する
-dump	URLの内容を読み込み標準出力に出力して終了する
-cols 幅	-dumpオプションを使う場合に幅を指定する（デフォルトは80桁）
-X	w3mを終了した時に画面をクリアしない

● 主なキー操作

キー操作	説明
Tab	次のリンクへカーソルを移動する
Shift+Tab	前のリンクへカーソルを移動する
w	次の単語へ移動する
W	前の単語へ移動する
g	ページの最上部に移動する
G	ページの最下部に移動する
Enter	フォーカスしているリンク先へ移動する
/	ページ内の文字列検索（カーソル位置から末尾方向）
?	ページ内の文字列検索（カーソル位置から先頭方向）
B	前のページに戻る
R	現在のページを再読込する
Esc+a	ブックマーク登録画面を開く
Esc+b	ブックマークを開く
H	ヘルプを表示する
q	w3mを終了する

端末上でWebページを表示します。引数には「http:// ～」「https:// ～」で始まるURLや、HTMLで書かれたファイルを指定します。Webページ表示中はvimエディタに似たキー操作で操作します。環境変数WWW_HOMEにURLを指定しておくと、そのページを最初に開くようにできます。ブックマークは、デフォルトでは~/.w3m/bookmark.htmlファイルに保存されます。

実行例 指定したURLのページを表示する

```
$ w3m http://lpic.jp/command_centos7.html ↵
```

CentOS procps-ng Ubuntu procps Raspbian procps WSL procps

watch

定期的にコマンドを実行する。

書式 watch [オプション] コマンド

● 主なオプション

-n 秒, --interval 秒	指定した秒間隔でコマンドを実行する
-d, --differences	違う部分をハイライト表示する
-t, --no-title	ヘッダを表示しない

指定した間隔（デフォルトは2秒間隔）で定期的にコマンドを実行します。実行結果は画面上にフルスクリーンで表示され続けます。終了するには Ctrl + C を押します。任意のコマンド実行結果をモニタリングするために利用できます。

実行例 10秒間隔でuptimeコマンドを実行する

```
$ watch -n 5 uptime
```

実行例 watchコマンドによる表示画面

```
Every 5.0s: uptime                                    Sat Dec 23
16:27:16 2017

 16:27:16 up 12 days,  6:27,  1 user,  load average: 0.19, 0.06, 0.02
```

ヘッダ行

5秒間隔でこの表示が更新される

CentOS sysvinit-tools Ubuntu bsdutils Raspbian bsdutils WSL bsdutils

wall

★☆☆

すべてのユーザーの端末にテキストメッセージを送る。

書式 wall 文字列

ログイン中のすべてのユーザーの端末画面にテキストメッセージを送信します。一般ユーザーでもすべてのユーザーにメッセージを送ることができますが、メッセージを拒否しているユーザーには送れません。他ユーザーからのメッセージを拒否・許可するにはmesgコマンドを使います。

実行例 メッセージをログイン中のユーザーに送る

```
$ wall "SYSTEM MAINTENANCE 20:00-"
```

実行例 他の端末で表示される

```
Broadcast message from centuser@ubuntu (pts/0) (Thu Dec 20 19:05:01 2017):

SYSTEM MAINTENANCE 20:00-
```

関連コマンド mesg

CentOS coreutils Ubuntu coreutils Raspbian coreutils WSL coreutils

wc ★★★

行数や単語数を数える。

書式 wc ［オプション］［ファイル名］

●主なオプション

-c, --bytes	バイト数を表示する
-l, --lines	行数を表示する
-m, --chars	キャラクタ数を表示する
-w, --words	単語数を表示する

ファイルの行数、バイト数、単語数を表示します。ファイルが指定されない時は、標準入力から読み込んだテキストデータの行数等をカウントします。

実行例 mboxファイルの行数、バイト数、単語数を表示する

```
$ wc mbox
 1336  9745 85466 mbox
```

実行例 カレントディレクトリ直下にあるファイルやディレクトリの数を数える

```
$ ls | wc -l
54
```

CentOS wget Ubuntu wget Raspbian wget WSL wget

wget ★★

ファイルをダウンロードする。

書式 wget ［オプション］URL

●主なオプション

-b, --background	バックグラウンドで実行する
-i ファイル、--input-file=ファイル	ダウンロードするURLを指定したファイルから読み込む
-r, --recursive	再帰的にダウンロードする
-d, --debug	デバッグ出力をする
-q, --quiet	出力を抑制する
-a ファイル、--append-output=ファイル	指定したファイルにログを追記する
-o ファイル、--output-file=ファイル	指定したファイルにログを出力する
-t 数、--tries=数	リトライ回数を指定する

--backups=バックアップ保存数	ファイルを上書きする前にバックアップファイルを作成する
--user=ユーザー名	FTP/HTTP認証のユーザー名を指定する
--password=パスワード	FTP/HTTP認証のパスワードを指定する
--np	指定したディレクトリより上のディレクトリはダウンロードしない

URLを指定し、HTTPやFTPでダウンロードします。

実行例 ISOイメージをダウンロードする

```
$ wget http://ftp.riken.jp/Linux/centos/7/isos/x86_64/CentOS-7-x86_64-
Minimal-1708.iso↵
```

実行例 getpages.txtファイルに書かれたファイルをダウンロードする

```
$ wget -i getpages.txt↵
```

1つのファイルだけではなく、あるディレクトリ以下にあるファイルを再帰的にダウンロードするには-r (--recursive) オプションを指定します。

実行例 指定したディレクトリ以下を再帰的にダウンロードする

```
$ wget -r https://www.example.com/sample↵
```

関連コマンド curl

CentOS man-db　Ubuntu man-db　Raspbian man-db　WSL man-db

whatis

マニュアルの1行説明を表示する。

書式 whatis キーワード

manコマンドで表示されるマニュアルの1行説明を表示します。キーワードと完全一致[※1]したマニュアルから、1行説明を抜き出して表示します。探したいコマンドやファイルがどのセクションにあるかわからない時や、コマンドの簡潔な説明を知りたい時に利用します。

実行例 passwdを検索する

```
$ whatis passwd↵
passwd (5)           - パスワードファイル
passwd (1)           - ユーザーパスワードを変更する
passwd (1ssl)        - compute password hashes
```

関連コマンド apropos | man | help

※1　部分一致で検索したい時はaproposコマンドを使います。

CentOS util-linux Ubuntu util-linux Raspbian util-linux WSL util-linux

whereis

コマンドの実行ファイルやマニュアルのパスを表示する。

書式 whereis [オプション] コマンド

● 主なオプション

-b	バイナリファイルのみ検索する
-m	マニュアルファイルのみ検索する
-s	ソースファイルのみ検索する

指定したコマンドのバイナリファイル（実行ファイル）、ソースコード、マニュアルファイルを検索してパスを表示します。

実行例 systemctlコマンドのバイナリファイルとマニュアルファイルを検索する

```
$ whereis systemctl↵
systemctl: /bin/systemctl /usr/share/man/man1/systemctl.1.gz
```

関連コマンド which

CentOS which Ubuntu debianutils Raspbian debianutils WSL debianutils

which

コマンドのパスを表示する。

書式 which コマンド

指定したコマンドの絶対パスを表示します。指定したコマンドがエイリアスやシェル組み込みコマンドの場合は何も表示されません。

実行例 whichコマンドの絶対パスを表示する

```
$ which which↵
/usr/bin/which
```

関連コマンド type

CentOS coreutils Ubuntu coreutils Raspbian coreutils WSL coreutils

who

★★

ログイン中のユーザーを表示する。

書式 who

ログイン中のユーザー一覧を表示します。ユーザー名、端末名、ログイン日時、接続元アドレスが表示されます。

実行例 ログイン中のユーザーを表示する

```
$ who
centuser pts/0        2017-12-20 18:26 (192.168.1.21)
north    pts/1        2017-12-20 20:18 (192.168.1.21)
```

関連コマンド w | lastlog

CentOS whois Ubuntu whois Raspbian whois WSL whois

whois

WHOISサービスを利用してドメインの所有者情報を表示する。

書式 whois [オプション] ドメイン名

● 主なオプション

-H	法的免責事項を表示しない

ドメインの登録者名、所有者名、DNSサーバー、連絡先メールアドレス・電話番号などの情報を表示します。WHOISは、ドメイン名の所有者を検索するプロトコルです。

実行例 seshop.comの登録者情報を表示する

```
$ whois seshop.com
```

wpa_supplicant

無線LAN (WPA) に接続する。

書式 wpa_supplicant [オプション]

●主なオプション

-D ドライバ	無線LANドライバを指定する
-i インターフェイス名	無線LANインターフェイス名を指定する
-c ファイル名	設定ファイルを指定する
-B	バックグラウンドで動作させる

WPA/WPA2による無線LAN接続を管理します。接続設定はあらかじめ/etc/wpa_supplicant/wpa_supplicant.confなどに用意しておきます。次の例では、wextドライバを使い、無線インターフェイスwlp1s0で接続しています。

実行例 無線LAN (WPA) に接続する

```
$ sudo wpa_supplicant -D wext -i wlp1s0 -c /etc/wpa_supplicant/wpa.conf⏎
Successfully initialized wpa_supplicant
wlp1s0: Trying to associate with 00:1d:73:69:5f:e3 (SSID='windsor' freq=2457 MHz)
wlp1s0: Associated with 00:1d:73:69:5f:e3
wlp1s0: WPA: Key negotiation completed with 00:1d:73:69:5f:e3 [PTK=TKIP GTK=TKIP]
wlp1s0: CTRL-EVENT-CONNECTED - Connection to 00:1d:73:69:5f:e3 completed [id=0 id_str=]
```

接続後はdhclientコマンド等でIPアドレスを取得する必要があります。

関連コマンド iw

CentOS findutils Ubuntu findutils Raspbian findutils WSL findutils

xargs

標準入力から受け取った文字列を引数にしてコマンドを実行する。

書式 xargs [オプション] コマンド

● 主なオプション

-n 数, -max-args=数	コマンドライン1行に渡される引数の最大数を指定する
-t	コマンドの実行前にどんなコマンドを実行するのか表示する（標準エラー出力に出力する）
-I 文字列	標準入力から受け取った文字列を、コマンドライン中にある指定した文字列と置き換える

標準入力から受け取った文字列を引数に指定して、与えられたコマンドを実行します。あるコマンドが実行した結果を、別のコマンドの引数として処理したい場合に利用します。

実行例 「sample～」で始まるファイル名のファイルの1行目だけを表示する

```
$ ls sample* | xargs head -1↵
        以下のコマンドと同じ意味
$ head -1 sample*↵
```

実行例 61日以上更新されていないファイルを削除する

```
$ find . -mtime +60 -type f | xargs rm↵
        以下のコマンドと同じ意味
$ find . -mtime +60 -type f -exec rm {} ¥;↵
```

次の例では、標準入力から受け取った文字列を、cpコマンドのFILENAMEと置き換えることでファイルをコピーします。この場合、引数は1つずつ受け取る必要があるので「-n 1」と指定しています。

実行例 31日以上更新されていないファイルを/backup/ファイル名.bakとしてコピーする

```
$ find . -mtime +30 -type f | xargs -n 1 -I FILENAME cp FILENAME /backup/
FILENAME.bak↵
```

xz

★★

ファイルを圧縮・伸張する。

書式 xz [オプション] [ファイル名]

● 主なオプション

-d, --decompress, --uncompress	圧縮ファイルを伸張する[※1]
-c, --stdout	ファイルを圧縮し標準出力へ出力する
-k, --keep	圧縮・伸張後に元ファイルを削除しない
-f, --force	既存の出力ファイルを上書きする
-l, --list	圧縮ファイル内のファイルを一覧表示する

gzipやbzip2よりも高い効率でファイルを圧縮します。圧縮されたファイルには「.xz」という拡張子が付けられ、元のファイルと置き換えられます。元のファイルを残すには、-kオプションを指定します。

実行例 sampledataファイルを圧縮する

```
$ xz sampledata↵
$ ls↵
sampledata.xz ← 元のファイルは削除される
```

関連コマンド unxz

※1 unxzコマンドと同じ

CentOS coreutils Ubuntu coreutils Raspbian coreutils WSL coreutils

yes

★

文字列を繰り返し出力し続ける。

書式 yes [文字列]

指定した文字列を繰り返し出力し続けます。文字列を指定しなかった時は「y」が出力されます。終了するには Ctrl + C を押します。何かのテストをする時などに使います。

実行例 「Linux」という文字列を出力し続ける

```
$ yes Linux
Linux
Linux
(省略)
^C
```

CentOS yum

yum

★★★

パッケージを管理する。

書式 yum [オプション] [サブコマンド]

● 主なオプション

-y	対話的な質問にすべてyesと回答する
-q	冗長な情報を表示しない
--enablerepo=リポジトリ名	指定したリポジトリを一時的に有効にする
--disablerepo=リポジトリ名	指定したリポジトリを一時的に無効にする
--downloadonly	パッケージのダウンロードのみ行いインストールはしない

● 主なサブコマンド

check-update	アップデート可能なパッケージを表示する
list [all]	すべてのパッケージを表示する
list installed	インストールされているパッケージを表示する
list available	リポジトリにあって利用可能なパッケージを表示する
info パッケージ名	パッケージの情報を表示する
groups list	パッケージグループを一覧表示する
groups install グループ名	指定したパッケージグループをインストールする
install パッケージ名	指定したパッケージをインストールする
reinstall パッケージ名	インストール済みのパッケージを再インストールする

update	すべてのパッケージをアップデートする
update パッケージ名	指定したパッケージをアップデートする
search キーワード	キーワードを指定してパッケージを検索する
remove パッケージ名, erase パッケージ名	指定したパッケージを削除する
clean all	すべてのキャッシュを削除する
clean packages	ダウンロード済みのパッケージファイルを削除する
repolist	リポジトリを一覧表示する
repolist enabled	有効なリポジトリを一覧表示する
repolist disabled	無効なリポジトリを一覧表示する
history [list]	過去20件の実行履歴を表示する
history list all	すべての実行履歴を表示する

CentOSなどRed Hat系ディストリビューションでパッケージを管理します。

実行例 インストールされている全パッケージをアップデートする

```
# yum update↵
```

実行例 postfixパッケージをインストールする

```
# yum install postfix↵
```

実行例 パッケージグループの一覧を英語で表示する

```
$ LANG=C yum groups list↵
(省略)
Available Environment Groups: ←利用可能な環境
   Minimal Install
   Compute Node
   Infrastructure Server
   File and Print Server
(省略)
Installed Groups: ←インストール済みのパッケージグループ
(省略)
Available Groups: ←インストール可能なパッケージグループ
(以下省略)
```

実行例 "デスクトップ"グループの情報を表示する

```
$ yum groups info "デスクトップ" -q↵

グループ: デスクトップ
 グループ ID: basic-desktop
 説明: シンクライアントとして使用できる最低限のデスクトップ
```

関連コマンド yumdownloader

CentOS gzip Ubuntu gzip Raspbian gzip WSL gzip

zcat

★

zip圧縮ファイルの内容を標準出力に出力する。

書式 zcat [ファイル名]

zipで圧縮されたファイルを扱うcatコマンドです。unzipコマンドで伸張しなくても、ファイルの内容を直接読み出して標準出力に出力します。ただし暗号化されたファイルは読み出すことができません。

実行例 sam.zipファイルの内容を表示する

```
$ zcat sam.zip↵
```

関連コマンド zip | unzip

CentOS zip Ubuntu zip Raspbian zip WSL zip

zip

ファイルを圧縮しアーカイブにする。

書式 zip [オプション] [アーカイブファイル名] [ファイル名...]

● 主なオプション

オプション	説明
-r, --recurse-paths	指定したディレクトリを再帰的に圧縮する
-x ファイル名, --exclude ファイル名	アーカイブに含めないファイルを指定する
-e, --encrypt	暗号化したアーカイブを作成し伸張時に必要なパスワードを設定する

複数のファイルを圧縮し、アーカイブファイルを作成します。ディレクトリを丸ごと圧縮する場合は-rオプションが必要です。-eオプションを使うと暗号化圧縮アーカイブを作成できます（伸張する時にパスワードが求められます）。

実行例 ファイル名の末尾が「.zip」のファイルをまとめて圧縮ファイルlog.zipを作成する

```
$ zip log.zip *.log↵
```

実行例 tempディレクトリを圧縮し圧縮ファイルtemp.zipを作成する

```
$ zip -r temp.zip temp/↵
```

実行例 sampleファイルをパスワード付きで暗号化する

```
$ zip -e sample.zip sample↵
Enter password:↵  ← パスワードを指定する
Verify password:↵  ← パスワードを再入力する
  adding: sample (deflated 56%)
```

関連コマンド unzip

CentOS zsh　Ubuntu zsh　Raspbian zsh　WSL zsh

zsh

★☆☆

zshシェルを起動する。

書式 zsh

zsh（Zシェル）は多機能なシェルです。インタラクティブなシェルとして強力な機能を持つほか、シェルスクリプトの実行環境としても使えます。

実行例 zshを起動する

```
$ zsh↵
ubuntu% exit  ← zshを終了する
```

関連コマンド bash | fish | tcsh | chsh

コマンド逆引き表

基本的なコマンドを目的から探せるよう表にまとめました。詳しい操作は各コマンドの解説ページを参照してください。プロンプトが「#」のコマンドはroot権限が必要なコマンドです。「sudo コマンド」のようにsudoコマンドを使って実行してください。

シェルコマンド

操作	コマンド	ページ
ホームディレクトリに移動する	$ cd	23
一つ前のカレントディレクトリに移動する	$ cd -	23
カレントディレクトリのパスを表示する	$ pwd	191
変数の内容を表示する	# echo $変数名	53
コマンド履歴を表示する	$ history	89
環境変数の一覧を表示する	$ export	57
シェル変数と環境変数の一覧を表示する	$ set	215

ファイル操作コマンド

操作	コマンド	ページ
ファイルの内容を表示する	$ cat ファイル名	22
ファイルの内容を1ページずつ表示する	$ less ファイル名	117
カレントディレクトリのファイル一覧を表示する	$ ls	121
カレントディレクトリのファイル一覧を隠しファイルも含めて表示する	$ ls -A	121
指定したディレクトリのファイル一覧を詳細に表示する	$ ls -l ディレクトリ名	121
ファイルAをファイルBとしてコピーする	$ cp ファイルA ファイルB	34
ファイルAをディレクトリCにコピーする	$ cp ファイルA ディレクトリC	34
ファイルAをディレクトリCに属性をできるだけ保持しつつコピーする	$ cp -p ファイルA ディレクトリC	34
ディレクトリAをディレクトリB内にコピーする	$ cp -r ディレクトリA ディレクトリB	34
ファイルAをファイルBにリネームする	$ mv ファイルA ファイルB	153
ファイルAをディレクトリCに移動する	$ mv ファイルA ディレクトリC	153
ディレクトリAをディレクトリBに移動する	$ mv ディレクトリA ディレクトリB	153
ディレクトリを作成する	$ mkdir ディレクトリ名	143
空のファイルを作成する	$ touch ファイル名	243
ファイルを削除する	$ rm ファイル名	199

ディレクトリを削除する	$ rm -rf ディレクトリ名	199
指定したディレクトリ内からファイル名で検索する	$ find ディレクトリ名 -name ファイル名	63
全ディレクトリからファイル名で検索する	$ locate ファイル名	119
指定した文字列が含まれる行をファイルから抜き出す	$ grep 文字列パターン 検索対象ファイル	81
ファイルの先頭だけを表示する	$ head ファイル名	87
ファイルの末尾だけを表示する	$ tail ファイル名	235
圧縮ファイルを解凍する（～.gz）	$ gunzip ファイル名	85
圧縮ファイルを解凍する（～.bz2）	$ bunzip2 ファイル名	20
圧縮ファイルを解凍する（～.xz）	$ unxz ファイル名	258
圧縮アーカイブを展開する（～.tar.gz）	$ tar zxf アーカイブファイル名	236
圧縮アーカイブを展開する（～.tar.bz2）	$ tar jxf アーカイブファイル名	236
圧縮アーカイブを展開する（～.tar.xz）	$ tar Jxf アーカイブファイル名	236

● パーミッション管理コマンド

操作	コマンド	ページ
パーミッションを確認する	$ ls -l ファイル名	121
ファイルの所有者を変更する	# chown 所有者 ファイル名	28
指定したディレクトリ以下の所有者を変更する	# chown -R 所有者 ディレクトリ名	28
所有グループを変更する	# chgrp 所有グループ ファイル名	26
指定したディレクトリ以下の所有グループを変更する	# chgrp -R 所有グループ ディレクトリ名	26
アクセス権を変更する	# chmod アクセス権 ファイル名	27
指定したディレクトリ以下のアクセス権を変更する	# chmod -R アクセス権 ディレクトリ名	27

● プロセス管理コマンド

操作	コマンド	ページ
すべてのプロセスを表示する	$ ps aux	182
プロセスの実行状況を監視する	$ top	241
プロセスを停止する	$ kill PID	108
	$ killall プロセス名	109
プロセスを強制的に停止する	$ kill -9 PID	108
	$ killall -9 プロセス名	109

● ユーザー管理コマンド

操作	コマンド	ページ
ユーザーを追加する（CentOS）	# useradd ユーザー名	260
ユーザーを追加する（Ubuntu/Rapsbian/WSL）	# adduser ユーザー名	2
ユーザーを削除する	# userdel ユーザー名	261
自分のパスワードを変更する	$ passwd	171
ユーザーのパスワードを変更する	# passwd ユーザー名	171
管理者権限でコマンドを実行する	$ sudo コマンド	231
一時的に別のユーザーで作業をする	$ su - ユーザー名	230

● システム管理コマンド

操作	コマンド	ページ
システム全体をアップデートする	# yum update	283
	# apt update; apt upgrade	6
システムをシャットダウンする	# shutdown -h now	221
システムを再起動する	# shutdown -r now	221
CPU負荷を表示する	$ uptime	260
メモリとスワップの使用状況を表示する	$ free	67
ディスクの使用状況を表示する	$ df -H	42
ディレクトリの使用量を表示する	$ du -csh ディレクトリ名	51
サービスを起動する	# systemctl start サービス名	233
サービスを再起動する	# systemctl restart サービス名	233
サービスを終了する	# systemctl stop サービス名	233
サービスが自動的に起動するようにする	# systemctl enable サービス名	233
サービスが自動的に起動しないようにする	# systemctl disable サービス名	233
起動しているサービスを一覧する	# systemctl list-units -t service	233

● ネットワークコマンド

操作	コマンド	ページ
ローカルホストのIPアドレスを調べる	$ ip addr show	94
	$ ifconfig	95
ホスト名からIPアドレスを検索する	$ host ホスト名	90
	$ dig ホスト名	45
IPアドレスからホスト名を検索する	$ host IPアドレス	90
	$ dig IPアドレス	45

指定したホストに接続できるか確認する	$ ping IPアドレスまたはホスト名	176
開いているTCP/UDPポートを表示する	$ netstat -atu	159
	$ ss -atu	225

Linux/Windowsコマンド対応表

Linuxコマンドと Windowsのコマンドプロンプトの対応を示します。コマンドの動作は完全に一致するわけではありません。Windowsコマンドの詳細は「help コマンド名」でヘルプを確認してください。

● Linux/Windowsコマンド対応表

Linuxコマンド（bash）	コマンドプロンプトのコマンド
cd	cd, chdir
pwd	cd
ls	dir
tree	tree
mv	move, ren, rename
cp	copy
cp -r	xcopy
rm	del
rm -r	rd
cat	type
more	more
mkdir	mkdir, md
grep	find, findstr
ps ax	tasklist
man	help
uname -a	ver
set	set
date	date
clear	cls
exit	exit

bashのキー操作

端末上で利用できるキー操作（bashそのものの機能ではなくreadlineライブラリのショートカットも含みます）をまとめました。"＋"は2つのキーを同時に押すことを示します。2つのキーが並んでいるものは、順に押すことを示します。

● bashの主なキー操作

キー操作	説明
Ctrl ＋ A	行の先頭へカーソルを移動する
Ctrl ＋ E	行の末尾へカーソルを移動する
Ctrl ＋ D	カーソル部分を1文字削除する・ログアウトする
Ctrl ＋ H	カーソルの左を1文字削除する（Backspace）
Ctrl ＋ U	カーソル位置から左をカットする
Ctrl ＋ K	カーソル位置から右をカットする
Ctrl ＋ Y	カットした文字列を貼り付ける
Ctrl ＋ L	画面をクリアしてカレント行を再表示する
Ctrl ＋ C	処理を中断する
Ctrl ＋ S	画面への出力を停止する
Ctrl ＋ Q	画面への出力を再開する
Ctrl ＋ Z	処理を一時停止（サスペンド）する
Ctrl ＋ I、Tab	コマンドやディレクトリ名を補完する
Ctrl ＋ P、↑	1つ前のコマンド履歴を表示する
Ctrl ＋ N、↓	1つ後のコマンド履歴を表示する
Ctrl ＋ R	コマンド履歴を検索する（中断するときはCtrl＋G）
Esc .	最後のコマンドラインの引数をカーソル位置に挿入する

著者紹介

中島 能和（なかじま よしかず）

Linuxやセキュリティ、オープンソース全般の教育や教材開発に従事。
著書に『ゼロからはじめるLinuxサーバー構築・運用ガイド』『Linuxサーバーセキュリティ徹底入門』『Linux教科書LPICレベル1/レベル2』（翔泳社）など多数。

装丁デザイン　大下賢一郎
DTP・紙面デザイン　BUCH+

Linuxコマンド ABCリファレンス

2018年3月1日　初版第1刷発行

著　　者　中島 能和（なかじま よしかず）
発 行 人　佐々木幹夫
発 行 所　株式会社翔泳社（http://www.shoeisha.co.jp）
印刷・製本　株式会社加藤文明社印刷所

©2018 Yoshikazu Nakajima

本書は著作権法上の保護を受けています。本書の一部または全部について（ソフトウェアおよびプログラムを含む）、株式会社翔泳社から文書による許諾を得ずに、いかなる方法においても無断で複写、複製することは禁じられています。

本書へのお問い合わせについては、iiページに記載の内容をお読みください。
落丁・乱丁はお取り替えいたします。03-5362-3705までご連絡ください。

ISBN978-4-7981-5596-8　Printed in Japan